Claudine Seeliger

Hepatisch differenzierte mesenchymale Stammzellen aus dem Fettgewebe

Claudine Seeliger

Hepatisch differenzierte mesenchymale Stammzellen aus dem Fettgewebe

Einsatz hepatozyten-ähnlicher Zellen bei klinischen Fragestellungen

Südwestdeutscher Verlag für Hochschulschriften

Impressum/Imprint (nur für Deutschland/only for Germany)
Bibliografische Information der Deutschen Nationalbibliothek: Die Deutsche Nationalbibliothek verzeichnet diese Publikation in der Deutschen Nationalbibliografie; detaillierte bibliografische Daten sind im Internet über http://dnb.d-nb.de abrufbar.

Alle in diesem Buch genannten Marken und Produktnamen unterliegen warenzeichen-, marken- oder patentrechtlichem Schutz bzw. sind Warenzeichen oder eingetragene Warenzeichen der jeweiligen Inhaber. Die Wiedergabe von Marken, Produktnamen, Gebrauchsnamen, Handelsnamen, Warenbezeichnungen u.s.w. in diesem Werk berechtigt auch ohne besondere Kennzeichnung nicht zu der Annahme, dass solche Namen im Sinne der Warenzeichen- und Markenschutzgesetzgebung als frei zu betrachten wären und daher von jedermann benutzt werden dürften.

Verlag: Südwestdeutscher Verlag für Hochschulschriften GmbH & Co. KG
Heinrich-Böcking-Str. 6-8, 66121 Saarbrücken, Deutschland
Telefon +49 681 37 20 271-1, Telefax +49 681 37 20 271-0
Email: info@svh-verlag.de

Zugl.: München, TU, Diss., 2011

Herstellung in Deutschland:
Schaltungsdienst Lange o.H.G., Berlin
Books on Demand GmbH, Norderstedt
Reha GmbH, Saarbrücken
Amazon Distribution GmbH, Leipzig
ISBN: 978-3-8381-3054-5

Imprint (only for USA, GB)
Bibliographic information published by the Deutsche Nationalbibliothek: The Deutsche Nationalbibliothek lists this publication in the Deutsche Nationalbibliografie; detailed bibliographic data are available in the Internet at http://dnb.d-nb.de.

Any brand names and product names mentioned in this book are subject to trademark, brand or patent protection and are trademarks or registered trademarks of their respective holders. The use of brand names, product names, common names, trade names, product descriptions etc. even without a particular marking in this works is in no way to be construed to mean that such names may be regarded as unrestricted in respect of trademark and brand protection legislation and could thus be used by anyone.

Publisher: Südwestdeutscher Verlag für Hochschulschriften GmbH & Co. KG
Heinrich-Böcking-Str. 6-8, 66121 Saarbrücken, Germany
Phone +49 681 37 20 271-1, Fax +49 681 37 20 271-0
Email: info@svh-verlag.de

Printed in the U.S.A.
Printed in the U.K. by (see last page)
ISBN: 978-3-8381-3054-5

Copyright © 2012 by the author and Südwestdeutscher Verlag für Hochschulschriften GmbH & Co. KG and licensors
All rights reserved. Saarbrücken 2012

Meiner Familie

Was gewesen und gegangen
Soll jetzt wieder neu anfangen
Was gegangen und gewesen
Soll im Wundersud genesen
Soll im Topfe widerkehren
Um die Alchemie zu ehren.

Der Schrecksenmeister. Ein kulinarisches Märchen aus Zamonien von Gofid Letterkerl. Neu erzählt von Hildegunst von Mythenmetz, Editor: Moers, W., Verlag: Piper; Auflage: 6, 2007, S.7

Inhaltsverzeichnis

Inhaltsverzeichnis I
Abbildungsverzeichnis IV
Tabellenverzeichnis VII
1. Einleitung 1
   1.1 Die Leber und ihre Funktionen *1*
      1.1.1 Harnstoffumsatz der Hepatozyten 1
      1.1.2 Glukoseumsatz der Hepatozyten 3
      1.1.3 Biotransformation der Hepatozyten 4
      1.1.4 Hormonstoffwechsel der Hepatozyten am Beispiel von Testosteron ... 6
      1.1.5 Regenerationspotential der Leber 7
   1.2 Zelltransplantation als alternativer Therapieansatz *10*
   1.1 Zellen für in vitro Toxizitätsstudien *10*
   1.2 Stammzellen *13*
      1.2.1 Embryonale Stammzellen (ESCs) 14
      1.2.2 Induzierte pluripotente Stammzellen (IPs-Zellen) 15
      1.2.3 Epigenetisch modifizierte Zellen 16
      1.2.4 Adulte Stammzellen 19
      1.2.5 Ovalzellen und Small Hepatozytes 19
      1.2.6 Mesenchymale Stammzellen (MSCs) 20
   1.3 Charakterisierung von MSCs *22*
      1.3.1 Oberflächenmarker 22
      1.3.2 Proliferationsverhalten der Zellen über die Passagierzeit 23
   1.4 Hepatische Differenzierung *24*
      1.4.1 Nicotinamid 25
      1.4.2 Dexamethason und Hydrokortison 25
      1.4.3 Zytokine 26
   1.5 Mausmodelle um Leberschädigungen zu simulieren *30*
2. Zielsetzung dieser Arbeit 33
3. Material und Methoden 34
   3.1 Material *34*
      3.1.1 Geräte 34
      3.1.2 Verbrauchsmaterial 35
      3.1.3 Chemikalien 35
      3.1.4 Nährmedien und Zusätze 39

Inhaltsverzeichnis

3.1.5 Verwendete Kits 40
3.1.6 Software 40

3.2 Methoden 41

3.2.1 Zellisolation, Kultur und Expansion 41
3.2.2 Charakterisierung der Ad-MSCs 44
3.2.3 Differenzierung von Ad-MSCs zu Hepatozyten-ähnlichen Zellen 48
3.2.4 Färbung des Zytoskelettes der Zellen 48
3.2.5 Harnstoff Messung 49
3.2.6 Glukose Messung 50
3.2.7 Perjodsäure-Schiff Reaktion 51
3.2.8 Glucose-6-phosphatase-Färbung 51
3.2.9 Öl rot-Färbung 51
3.2.10 Sulforhodamin-B Färbung (SRB) 52
3.2.11 Enzymatische Aktivität der Zytochrome P450 53
3.2.12 RT-PCR 55
3.2.13 Proteingewinnung und Western Blot Analyse 57
3.2.14 Alamar Blue Messung 59
3.2.15 HPLC Analyse von Testosteron 60
3.2.16 Transport der Zellen 61
3.2.17 Zelltransplantationen in die Mausmodelle 61
3.2.18 Färbungen der Leberschnitte 61
3.2.19 Statistik 62

4. Ergebnisse 63

4.1 Charakterisierung der Ad-MSCs 63

4.1.1 Ad-MSCs expremieren spezifische CD-Marker 63
4.1.2 Proliferationsverhalten und Größe der eingesetzten Ad-MSCs 64

4.2 Epigenetische Veränderungen der Zelle 65

4.2.1 AZA und BIX-01294 verringern die DNA Methylierung 65

4.3 Hepatische Differenzierung 66

4.3.1 Signifikante Verbesserung der Differenzierung beim Einsatz von 5-Azacytidin 66
4.3.2 Keine signifikante Verbesserung der Differenzierung durch BIX-01294 68
4.3.3 Einsatz von Dexamethason bei der Differenzierung senkt den Glukoseumsatz der Zellen 70
4.3.4 35 % bessere Harnstoffproduktion beim Einsatz von HGF und Dexamethason 71
4.3.5 Signifikant erhöhte Enzymaktivität beim Einsatz von HGF mit Dexamethason 72

4.4 Charakterisierung der Hepatozyten-ähnlichen Zellen 74

4.4.1 Differenzierung führt zu morphologischen Veränderungen der Zellen 74
4.4.2 Differenzierung führt zu verbesserten G6Pase-, PAS- und Öl rot Färbungen 75
4.4.3 Hepatozyten-ähnliche Zellen exprimieren wichtige hepatische Markern auf RNA Ebene 76
4.4.4 CYP1A1/2 und CY 3A4 können bei den Hepatozyten-ähnlich Zellen induziert werden .. 78

Inhaltsverzeichnis

4.4.5   Geringer Testosteronumsatz der differenzierten Zellen 79
4.4.6   Toxikologisches Verhalten der Zellen gegenüber Standardsubstanzen 80
4.4.7   Injektion von un- und differenzierter Ad-MSCs in C57B6J und Scid/beige Mäuse 82

4.5   Kryokonservierung von Ad-MSCs und Hepatozyten-ähnlichen Zellen 84

4.5.1   Zellen zeigten vergleichbare Viabilität und Anheftung wie humane Hepatozyten 84
4.5.2   Keine Beeinflussung des Harnstoffumsatzes bei kryokonservierten Hepatozyten-ähnlichen Zellen   84
4.5.3   Das Differenzieren das Zellen vor der Kryokonservierung konserviert die Glukoseproduktion 85
4.5.4   Glykogenspeicherung wird durch die Kryokonservierung stark reduziert 86
4.5.5   Vorgeschaltete Differenzierung konserviert Phase I Enzymaktivitäten 87
4.5.6   Unveränderte Phase II Enzymaktivitäten durch die Kryokonservierung 88

5. Diskussion 89

5.1   Hepatische Differenzierung der Zelle 90

5.1.1   Epigenetische Veränderungen in den Zellen 90
5.1.2   Einfluss der hepatischen Differenzierung auf die Zellen 92
5.1.3   Einsatz der Zellen als *in vitro* Toxizitätstestsysteme 94
5.1.4   *In vivo* Untersuchungen der Zellen 95
5.1.5   Kryokonservierung der Hepatozyten-ähnlichen Zellen 95

6. Zusammenfassung 98
7. Ausblick 100
8. Literatur 102
9. Anhang 119

9.1   Wissenschaftliche Publikationen 119

9.2   Kongressbeiträge (Poster und Vorträge) 120

9.3   Danksagung 122

Abbildungsverzeichnis

Abbildung 1-1: Abbau von NH_3 durch den Harnstoff-Zyklus. 1

Abbildung 1-2: Schematischer Ablauf der Glukoneogenese und Glykolyse. 3

Abbildung 1-3: Schematische Darstellung der Phase I, II und III. 4

Abbildung 1-4: Testorenumsatz der CYP450 Enzyme in humanen Hepatozyten. 6

Abbildung 1-5: Pathologische Veränderung der Leber während der Erkrankung. 9

Abbildung 1-6: Entstehung der drei Keimblätter im Zuge der Gastrulation 14

Abbildung 1-7: Schematische Darstellung der Generation von IPs-Zellen. 15

Abbildung 1-8: Einfluss verschiedener Substanzen auf die Chromatinstruktur. 16

Abbildung 1-9: Strukturformel von Valproinsäure (A) und Trichostatin A (B). 17

Abbildung 1-10: Strukturformel von 5-Azacytidin. 18

Abbildung 1-11: Strukturformel von BIX-01294. 18

Abbildung 1-12:Strukturformel von Nicotinamid. 25

Abbildung 1-13: Strukturformeln von Dexamethason (A) und Hydrokortison (B). 26

Abbildung 2-1: Zielsetzung der Arbeit 33

Abbildung 3-1: Perfusionsschritte bei der Hepatozytenisolation. 43

Abbildung 3-2: Schematischer Ablauf zur Bestimmung der Telomerlänge 44

Abbildung 3-3: Aufbau des Transfer mittels Southern Blot 44

Abbildung 3-4: PCR-Programm der Bisulfitkonvertion von DNA 46

Abbildung 3-5: qPCR Programm 47

Abbildung 3-6:Untersuchter Harnstoffmetabolismus. 49

Abbildung 3-7: Glukose Detektion mittels o-Diasidine 50

Abbildung 3-8: Untersuchter Glukosemetabolismus. 50

Abbildung 3-9:Spektraluntersuchung der Sulforhodamin-B-Lösung. 52

Abbildung 3-10: Standardkurven der untersuchten enzymatischen Produkte 54

Abbildung 3-11: Aufbau Proteintransfer auf eine Nitrocellulosemembran 57

Abbildung 3-12: Enzymatische Oxidation von Luminol 58

Abbildungsverzeichnis

Abbildung 3-13: Versuchsaufbau der Toxizitätstests 59

Abbildung 4-1: Untersuchte CD-Marker zur Charakterisierung der Ad-MSCs. 63

Abbildung 4-2: Verhalten der Zellen über die Passagen... 64

Abbildung 4-3: Methylierungsstatus der Zell-DNA. 65

Abbildung 4-4: Harnstoff- und Glukoseproduktion der Zellen mit und ohne Präinkubation von AZA. 66

Abbildung 4-5: Phase I/II Aktivitäten der Zellen mit und ohne Präinkubation von AZA. 67

Abbildung 4-6: Getestete Differenzierungsprotokolle 69

Abbildung 4-7: Erniedrigte Glukoseproduktion bei Verwendung von DEX............... 70

Abbildung 4-8: Verbesserte Harnstoffproduktion beim Einsatz von HGF mit DEX. ... 71

Abbildung 4-9: CYP1A1/2 und CYP2B6 Aktivitäten von unterschiedlich differenzierten Ad-MSCs. 72

Abbildung 4-10: HC- und HFC- Konjugation von unterschiedlich differenzierten Ad-MSCs. 73

Abbildung 4-11: Morphologische Änderung der Zellen durch die Differenzierung 74

Abbildung 4-12: Die Differenzierung führte zu stärkeren Färbungen von G6Pase, PAS und Öl rot. 75

Abbildung 4-13: Hepatozyten-ähnliche Zellen exprimieren wichtige CYP450 Enzyme auf RNA-Ebene. 76

Abbildung 4-14: Hepatozyten-ähnliche Zellen exprimieren wichtige hepatische Marker auf RNA-Ebene. 77

Abbildung 4-15: Hepatozyten-ähnliche Zellen zeigen hohe Expressionen wichtiger hepatischer Marker. 77

Abbildung 4-16: Induktion von CYP1A1/2 und CYP3A4 der Ad-MSCs, Hepatozyten-ähnlichen Zellen und hHeps. 78

Abbildung 4-17: Dosis-Wirkungskurven der 3 Zelltypen.. 80

Abbildung 4-18: Injizierte Ad-MSCs lösen eine stärkere Immunreaktion aus als Hepatozyten-ähnliche Zellen oder hHeps. 82

Abbildung 4-19: Höhere Wiederfindungsrate von Hepatozyten-ähnlichen Zellen in Scid/beige Mäusen im Vergleich zu Ad-MSCs. 83

Abbildungsverzeichnis

Abbildung 4-20: *In vitro* Nachweis von DPPIV auf RNA Ebene..................83

Abbildung 4-21: Kein Verlust des Harnstoffumsatzes bei kryokonservierten Ad-MSCs oder Hepatozyten-ähnlichen Zellen.....................84

Abbildung 4-22: Geringere Glukoseproduktion durch die Kryokonservierung der Zellen.....................85

Abbildung 4-23: Veränderte G6P-, PAS- und Öl rot Färbungen der Zellen nach der Kryokonservierung.....................86

Abbildung 4-24: CYP1A1/2, -3A4, -2B6, und -2A1 Enzymaktivitäten nach der Kryokonservierung.....................87

Abbildung 4-25: HC-, HFC-, Res- and 4-MU Konjugation nach der Kryokonservierung.....................88

Abbildung 5-1: Organisation der CYP3A - Familie.....................93

Abbildung 7-1: Transfektionsmodell.....................100

Tabellenverzeichnis

Tabelle 1-1: Expression und Bedeutung spezifischer CD-Marker bei MSCs..................22

Tabelle 1-2: Medienzusätze bei der hepatischen Differenzierung verschiedener Ausgangszellen..24

Tabelle 3-1: Verwendete Geräte 34

Tabelle 3-2: Verbrauchsmaterialien 35

Tabelle 3-3: Chemikalien..35

Tabelle 3-4: Nährmedien und Zusätze 39

Tabelle 3-5: Verwendete Kits 40

Tabelle 3-6: Verwendete Software..40

Tabelle 3-7: Bisulfit-Konvertierung von DNA 46

Tabelle 3-8: Verwendete Primersequenzen zur Erfassung des Methylierungsstatus.......47

Tabelle 3-9: Untersuchte Phase I/II Enzyme und die verwendete Substrate. 53

Tabelle 3-10: Verwendete Primer Sequenzen bei der RT-PCR 56

Tabelle 3-11: Zusammensetzung des Trenn- und Sammelgels......................................57

Tabelle 3-12: Verwendete Erstantikörper 58

Tabelle 3-13: Verwendete Zweitantikörper 58

Tabelle 4-1: Ergebnisse bei Präinkubation der Zellen mit BIX-01294 oder AZA. 68

Tabelle 4-2: Analytische Auswertung der Testosteronproben mittels HPLC..................79

Tabelle 4-3: EC_{50} Werte der untersuchten Zellen. 81

Abkürzungsverzeichnis

Abkürzung	Beschreibung
ABC	ATP-bindende Kassette
Ad-MSCs	Mesenchymale Stammzellen aus Fettgewebe
AHMC	3-(2-N,N-diethylaminoethyl)-7-hydroxy-4-methylkumarin
AMMC	3-(2-N,N-diethyl-N-methylaminoethyl)-7-methoxy-4-methylkumarin
AMV	Aviäre Myeloblastose - Virus
AP-1	Aktivatorprotein-1
APS	Ammoniumpersulfat
AZA	5-Azacytidin
BFC	7-Benzyloxy-4(trifluoromethyl)kumarin
BM-MSCs	Stammzellen aus dem Knochenmarks
BSA	Bovine Serum Albumin
BIX-01294	2-(Hexahydro-4-methyl-1H-1,4-diazepin-1-yl)-6,7-dimethoxy-N-[1-(phenylmethyl)-4-piperidinyl]4-quinazolinamin
CAR	Konstitutiver Androstan Rezeptor
CCl_4	Tetrachlorkohlenstoff
CD-Marker	„Unterscheidungsgruppen"-Marker
CHC	3-cyano-7-hydroxykumarin
CLC	Cardiotrophin-ähnliches Zytokin
CNTF	Ziliarmuskel neurotropher Faktor
CT-1	Cardiotrophin-1
CYP450	Zytochrom P450- Isoenzyme

Abkürzungsverzeichnis

dNTPs	Desoxyribonukleosidtriphosphate
DAPI	4',6-Diamidino-2-phenylindol
DECP	Diethylpyrokarbonat
DEX	Dexamethason
DMEM	Dulbecco's Modified Eagle Medium
DMSO	Dimethylsulfoxid
DNMT	DNA-Methyltransferase
DPPIV	Dipeptidylpeptidase IV
EDTA	Ethylendiamintetraessigsäure
EFC	7-Ethoxy4(trifluoromethyl)kumarin
EGF	Epidermaler Wachstumsfaktor
EGTA	Ethylenglykoltetraessigsäure
ESCs	Embryonale Stammzellen
FACS	Fluoreszenz aktiviertes Zellsorting
FCS	Fetales Rinderserum
FDA	Food and Drug Administration
FGF4	Fibroblasten Wachstumsfaktor 4
GAPDH	Glycerinaldehyd-3-phosphat-Dehydrogenase
HAT	Histonacetyltransferasen
HDAC	Histon-Deacetylasen
hHeps	humane Hepatozyten
HCI	Hepatitis C Infektion
HFC	7-Hydroxykoumarin
HGF	Hepatozyten Wachstumsfaktor
HMT	Histone-Methyltransferase

Abkürzungsverzeichnis

HNF4α	Hepatozyten-nuklear-Faktor 4 α
HRP	Meerrettichperoxidase
HSCs	Hämatopoetische Stammzellen
I	Inhibitor
IPs	Induzierte pluripotente Stammzellen
ITS	Insulin Transferin Natrium Selenite
IL-X	Interleukin-X
kbp	Kilobasenpaare
LIF	Leukämie inhibierender Faktor
MDR	"multi drug restinace"
MFC	7-Methoxy-4(trifluoromethyl)kumarin
MSCs	Mesenchymale Stammzellen
NaCl	Natriumchlorid
NADPH	Nicotinsäureamid-Adenin-Dinukleotid-Phosphat
NASH	Nichtalkoholische Fettleberhepatitis
NAFLD	Nichtalkoholische Fettleberkrankheit
NF-κB	Nuklearer Faktor κB
NIC	Nicotinamid
NP	Neuropoietin
OHT	Hydroxytestosteron
OSM	Oncostatin-M
OLT	orthotope Lebertransplantation
PAS	Perjodsäure-Schiff
PBS	Phosphate buffered Saline
PCR	Polymerasekettenreaktion

Abkürzungsverzeichnis

Pen/Strep	Penicillin/ Streptomycin
PEP	Phosphoenolpyruvat
PXR	Pregnan X Rezeptor
RT	Raumtemperatur
SDS	Sodiumdodecylsulfat
STAT-3	Signalwandler und Aktivator der Transkription 3
SOP	Standard operation procedure
TEMED	N,N,N',N'-Tetramethylethan-1,2-diamin
TNF α	Tumornekrosefaktor-α
TNFR-x	Tumornekrosefaktor-Rezeptor
TUM	Technische Universität München
ÜN	Über Nacht
VDR	Vitamin D Rezeptor
VPA	Valproinsäure
XREM	Xenobiotika- ansprechendes Verstärkermodul

1. Einleitung

1.1 Die Leber und ihre Funktionen

Die Leber stellt im menschlichen Körper die größte und komplexeste Drüse dar. Sie hat lebenswichtige Funktionen, wie die metabolische Umsetzung von Giftstoffen, die Regulation des Säure-Basen-Haushaltes, die Synthese von Hormonen und die Verwertung und Einlagerung von Nährstoffen. Das Lebergewebe gliedert sich in kleinste Funktionseinheiten, den Leberläppchen. Diese sind im Anschnitt sechseckige Gebilde, die vorwiegend aus Leberzellen (Hepatozyten) bestehen. Die Hepatozyten haben meist mehrere Zellkerne und sind in Strängen angeordnet. Sie machen einen Anteil von 70-80 % des Lebervolumens aus und haben eine durchschnittliche Lebensdauer von 5 Monaten (18).

1.1.1 Harnstoffumsatz der Hepatozyten

Leberzellen sind stark am Stoffwechsel des Körpers beteiligt, wobei sie wichtige Reaktionen mittels zelleigener Enzyme katalysieren. Zu ihren Fähigkeiten zählt auch die Bildung von Harnstoff. Dabei werden mittels biochemischer Kaskaden stickstoffhaltige Abbauprodukte, wie beispielsweise Ammoniak, zu Harnstoff umgewandelt (Abbildung 1-1).

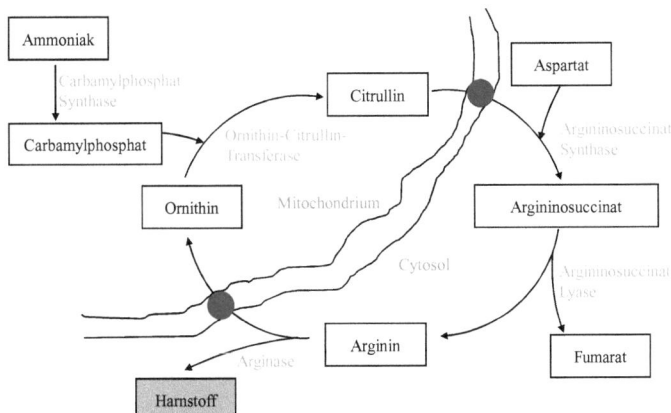

Abbildung 1-1: Abbau von NH_3 durch den Harnstoff-Zyklus.
Dieser findet ausschließlich in der Leber statt und dient dem Abbau von Ammoniak und seinen Derivaten, modifiziert von [74]

Einleitung

Ammoniumionen entstehen beim Metabolismus von Aminosäure, beim Abbau von Proteinen oder durch urease-positive Bakterien im Darm. Der Abbauzyklus umfasst 6 enzymatische Reaktionen, von denen drei im Cytosol und drei im Mitochondrium ablaufen. Es werden 2 Aminogruppen, eine von NH_4^+ und eine von Aspartat, mit einem Atom von HCO_3^- unter Aufwendung von 4 ATP zu Harnstoff umgesetzt. Ornithin dient dabei als Trägermolekül der Kohlenstoff- und Stickstoffatome (74). Der entstandene Harnstoff kann anschließend über die Nieren mit dem Urin ausgeschieden werden (2). Der Harnstoffzyklus kann durch unzureichende Funktionalität von einem der 6 Enzyme oder einem der 2 Transportmoleküle unterbrochen sein. Die Harnstoffzyklus-Enzymdefekte umfassen den Carbamoylphosphat-Synthetase-I-Mangel, N-Acetylglutamat-Synthetase-Mangel, Ornithin-Transcarbamylase-Mangel, Argininosuccinat-Synthetase-Mangel, Argininosuccinat-Lyase-Mangel und den Arginase 1-Mangel (21). Wenn der Abbau von Ammoniumionen nicht mehr gewährleistet ist, kommt es im Körper zu deren Akkumulation, die zu Lethargie, Koma und zur Schädigung des sich entwickelten zentralen Nervensystems führt. Die Schädigung der Synapsen hat kognitiven Störungen, Krampfanfälle und zerebrale Lähmungen zur Folge (42). Enzymdefekte im Harnstoffzyklus treten in den USA bei einem von 8200 Patienten im Kindesalter auf. Ein Defekt der Ornithin-Transcarbamylase tritt dabei mit einer Häufigkeit von 1:14.0000, ein Defekt der Arginase von 1:350.000 auf (21).

1.1.2 Glukoseumsatz der Hepatozyten

Beim erwachsenen Menschen beträgt der tägliche Glukosebedarf ungefähr 160 g, wobei davon allein 120 g vom Gehirn und ein Großteil des Restes von Erythrozyten genutzt werden. Die Menge an Glykogen, die im Körper gespeichert ist, beträgt etwa 400 bis 450 g. Davon sind ungefähr zwei Drittel in der Muskulatur und ein Drittel in der Leber gespeichert. Bei Bedarf können die Hepatozyten mittels Glukoneogenese das gespeicherte Glykogen wieder zu Glukose umsetzen. Dabei können täglich bis zu 200 g Glukose gebildet werden (Abbildung 1-2) (2).

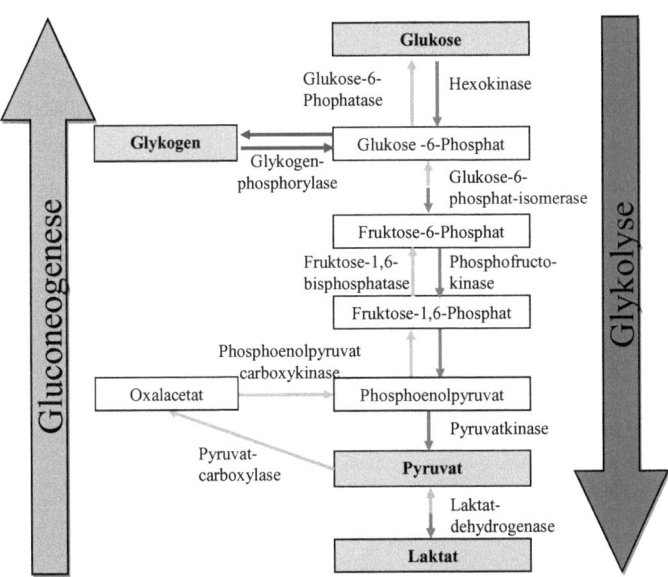

Abbildung 1-2: Schematischer Ablauf der Glukoneogenese und Glykolyse. Die Glukoneogenese beschreibt den Gewinn von Glucose aus Laktat bzw. Pyruvat und die Glykolyse den gegenläufigen Weg, modifiziert von [2]

Die Ausgangsstoffe der Glukoneogenese stammen zum Teil aus dem Aminosäureabbau und werden in Form von Pyruvat und Oxalacetat in den Stoffwechselweg eingeschleust. Eine weitere Quelle stellen Derivate des Glycerins aus dem Fettabbau dar. Im Gegensatz zur Glykolyse die ausschließlich im Cytosol abläuft, ist die Gluconeogenese auf drei Kompartimente verteilt. Im Lumen des Mitochondriums erfolgt die

Umwandlung von Pyruvat in Oxalacetat. Oxalacetat muss anschließend umgewandelt werden, da es die innere Membran des Mitochondriums nicht frei passieren kann. Die Umwandlung erfolgt durch die Phosphoenolpyruvat-Carboxykinase. Das so entstandene Posphoenolpyruvat verlässt das Mitochondrium und wird im Zytoplasma über weitere Reaktionsschritte zu Glucose umgesetzt (134).

1.1.3 Biotransformation der Hepatozyten

Die Zytochrome P450 (CYP450) sind Hämproteine, die eine enzymatische Aktivität aufweisen. Ihr Vorkommen ist ubiquitär, wobei sie besonders in der Leber anzutreffen sind. Ihre Hauptaufgabe ist die Oxidation zahlreicher körpereigener und körperfremder Substanzen (Xenobiotika) um deren Ausscheidung aus dem Körper zu ermöglichen. Die wichtigsten CYP450 Enzyme, welche 90% der Oxidation von toxischen Substanzen im Körper übernehmen sind CYP3A4/5 (52 %), CYP2D6 (30 %), CYP2B6 (25 %), CYP1A2 (4-6 %) und CYP2E1 (2-5 %) (188). Die Biotransformation kann in drei Phasen (Phase I, II und III), wie in der folgenden Abbildung dargestellt, eingeteilt werden (114).

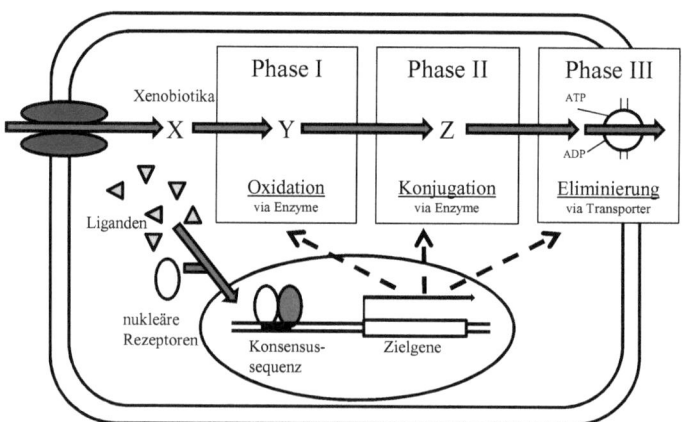

Abbildung 1-3: Schematische Darstellung der Phase I, II und III.
Die Xenobiotika (X) werden in der Phase I oxidiert (Y), in der Phase II konjugiert (Z) und in der Phase III mittels spezieller Transportproteine aus der Zelle geschleust. Die hydrophoben Liganden (Xenobiotika und/oder deren Metabolite) und die nukleären Rezeptoren sind für die Induktion oder Hemmung der Enzyme und der Transporter dieses Systems verantwortlich, modifiziert von [114].

In Phase I, der Umwandlungsreaktion, wird molekularer Sauerstoff in eine reaktive Form überführt und in die abzubauenden Substanzen eingebaut. Dafür benötigen die CYP450 das Koenzyme NADPH und ein Diflavin-Protein, die NADPH-Cytochrom-P450-Oxidoreduktase. In der zweiten Phase werden die Zwischenprodukte der ersten Phase durch eine Konjugationsreaktion mit endogenen, meist stark wasserlöslichen Stoffen, wie Glutathion, Sulfate oder Glucuronid, verbunden. Dadurch wird zum einen die Wasserlöslichkeit der Zwischenprodukte stark erhöht und es können potenziell giftige Reaktionsprodukte des ersten Schrittes weiter entgiftet werden (186). In der Phase III werden die entstandenen Reaktionsprodukte mittels spezieller Carrier, wie Multidrug Resistance-Related Proteine, Effluxpumpen oder ABC-Transportern, aus den Zellen transportiert und anschließend über die Nieren oder Galle aus dem Körper ausgeschieden (80,183).

1.1.4 Hormonstoffwechsel der Hepatozyten am Beispiel von Testosteron

Die Leber ist aktiv am Hormonstoffwechsel des Körpers beteiligt. Bei Testosteron beispielsweise findet der hauptsächliche Metabolismus in der Leber mit Hilfe der Steroid-Stoffwechselenzyme statt. Testosteron ist ein androgenes anabolisches Steroid. Es wird hauptsächlich in den Hoden produziert und ist in verschiedenen Gewebeentwicklungen und Prozessen involviert (116).

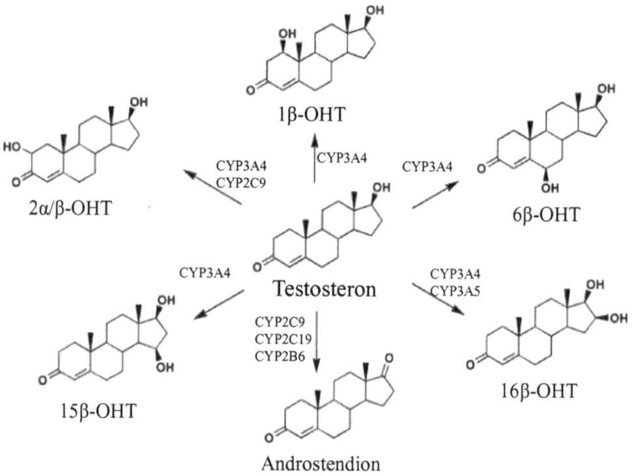

Abbildung 1-4: Testorenumsatz der CYP450 Enzyme in humanen Hepatozyten. Darstellung der Abbauprodukte und die beteiligten CYP450 Enzyme, OHT: Hydroxytestosteron, modifiziert von [29]

In der Leber wird sowohl endogenes wie exogenes Testosteron mittels CYP450 Enzymen zu den in Abbildung 1-4 gezeigten Abbauprodukten umgewandelt (29). Die β-Hydroxylierung der verschiedenen C-Positionen führt zu 1β-, 2α/β-, 6β-, 15β- und 16β-Hydroxytestosteron. Die Leberenzyme oxidieren zudem die Position C17, dies kann zu Androstendion führen. Bei dem darauffolgenden Phase II Metabolismus werden Testosteron und seine Abbaubauprodukte durch Konjugation von Glucuronsäure in einen hydrophileren Status überführt und aus dem Körper ausgeschieden (127,141).

Einleitung

1.1.5 Regenerationspotential der Leber

Neben wichtigen Stoffwechselvorgängen hat die Leber die inhärente Fähigkeit der Regeneration durch mitotische Teilung ihrer ausgereiften Hepatozyten. In Mausmodellen konnte gezeigt werden, dass es nach einer Teilresektion von $^2/_3$ der Leber durch die Teilung der Hepatozyten zur Regeneration kommt, die im Idealfall nach 8 bis 10 Tagen mit Erreichen der kompletten Lebermasse und -funktion abgeschlossen ist (44). Der Regenrationsprozess lässt sich in einen Initial-, einen Proliferations- und einen Terminierungsschritt unterteilen, bei denen verschiedene Wachstumsfaktoren und Zytokine auf die Hepatozyten Einfluss nehmen. Der Initialschritt wird mit einer erhöhten Freisetzung von TNF-α, Lymphotoxin-β, IL-2 und -6 aus den in der Leber lokalisierten Kupffer-Zellen eingeleitet, welches neben anderen Wachstumsfaktoren zur Aktivierung von NF-κB, STAT3, AP-1 und C/EBPβ führt (81). Als Konsequenz dieser Freisetzungen kommt es zur Aktivierung der Hepatozyten, gefolgt von der DNA-Synthese (44,103,122). Die damit herbeigeführte Proliferation der Zellen wird durch HGF, TGF-α und EGF weiter stimuliert. Diese und andere Ko-Mitogene veranlassen die Hepatozyten zum Eintritt in die G1-Phase des Zellzyklus (65,149). Am Ende der Regeneration steht der Terminierungsschritt, bei dem unter Einfluss der Faktoren TGF-β und IL-1β das Ende der Proliferation eingeleitet wird (17,59).

Die außergewöhnliche Regenerationsfähigkeit der Leber sowie ihre Funktion können durch verschiedene Krankheitsbilder stark eingeschränkt sein. Nach RASENACK, J. werden Lebererkrankungen in akute Lebererkrankungen, die nach 6 Monaten ausheilen und in chronische Lebererkrankungen, die länger als 6 Monate andauern, unterteilt. Auslöser von Erkrankungen können eine Hepatitisvirusinfektion, Hämochromatose, genetisch bedingte Defekte, wie Morbus Wilson, medikamentöse wie alkoholische Leberschädigungen oder eine nicht-alkoholische Fettleberhepatitis (NASH) sein.

Bis heute können mindestens 5 Hepatitisviren unterschieden werden, wobei die Hepatitisviren B und C den größten Teil der virusbedingten chronischen Lebererkrankungen auslösen. Die Hämochromatose ist eine angeborene Stoffwechselkrankheit die autosomal rezessiv vererbt wird und zu einer

Einleitung

Eisenüberladung im Körper führt. Das Eisen wirkt stark zytotoxisch und ruft bei einer Konzentration von mehr als 1µg/ml Organschäden hervor. Patienten mit Hämochromatose haben ein erhöhtes Risiko für das primäre Leberzellkarzinom. Wie Eisen führt auch die Kumulation von Kupfer in verschiedenen Organen wie der Leber oder dem Gehirn zu starken Schäden. Dafür verantwortlich ist die Krankheit Morbus Wilson, bei der ein genetischer Defekt des ATP7B-Gens vorliegt. Bei 5% dieser Patienten mit dieser Krankheit kommt es zum Leberversagen.

Medikamentöse Leberschädigungen werden durch verschiedene Pharmaka wie Antiepileptika, Antidepressiva, Tetrazykline, antiretrovirale Medikamente, Tuberkulostatika, Zytostatika oder durch hohe Dosen von Schmerzmittel wie Diclofenac oder Paracetamol hervorgerufen. In der Leber werden diese Medikamente durch CYP450 Enzyme abgebaut, wobei zytotoxische Metaboliten entstehen, die die Hepatozyten schädigen. Beispielsweise ist Paracetamol ab einer Aufnahme von 15-25 g toxisch. Es wird in der Phase I Reaktion über CYP2E1 zu N-Acetyl-p-benzochinonimin (NAPQI) oxidiert, welches bei unzureichender GSH-Konjugation aufgrund nicht ausreichend verfügbarem Glutathion toxische Reaktionen mit Proteinen und Nukleinsäuren der umliegenden Zellen eingeht (94).

Neben diesen Auslösern ist in Europa die häufigste Ursache für chronische Leberkrankungen der Alkoholmissbrauch (ca. 50%). Dabei werden die Krankheitsbilder Fettleber, Alkoholhepatitis und Leberzirrhose unterschieden. Die regelmäßig konsumierte Alkoholmenge, ab der eine Leberschädigung innerhalb von 10 Jahren auftreten kann, beträgt 20-30 g/Tag bei Frauen und 70-80 g/Tag bei Männern (133). Auch nicht alkoholbedingt kann ein Fettleberschaden entstehen wie beispielsweise bei einer NASH, die durch Übergewicht, Diabetes oder Medikamente ausgelöst werden kann (88).

Die Symptome einer Leberinsuffizienz sind mannigfaltig und reichen von Müdigkeit, Leistungsminderung, Infektionen, Ikterus und Fieber bis zur Hypoglykämie, Hypalbuminämie, hämorrhagischen Diathese oder Bildung zerebraler Ödeme.

Am Anfang der Leberschädigung kommt es meistens zu einer hepatischen Fibrose, die eine Vernarbung des Lebergewebes mit sich bringt und so die Funktionalität der Leber stark beeinträchtigt (Abbildung 1-5) (68).

Einleitung

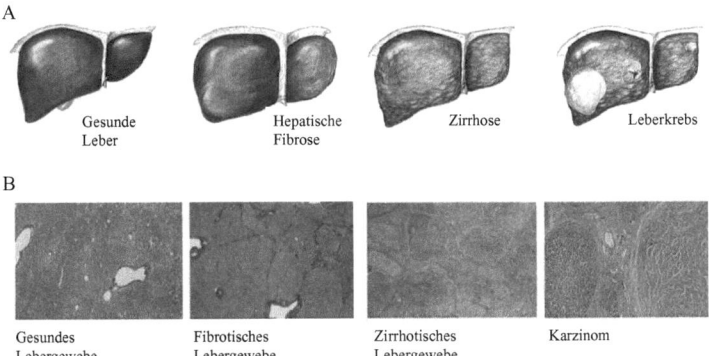

Abbildung 1-5: Pathologische Veränderung der Leber während der Erkrankung. A: Außenansicht der gesunden Leber wie bei verschiedenen Erkrankungsstadien. B: Leberschnitte der Gewebestruktur von einer gesunden wie erkrankten Lebern, modifiziert von www.roche.com/pages/facetten/16/hepc.htm

Im weiteren Verlauf bildet sich eine Leberzirrhose aus. Diese führt zur Umwandlung der Leberarchitektur in eine unregelmäßige, narbige und knotige Form, was zu Funktionsausfällen und der Behinderung des Blutflusses in der Leber führt. Im Endstadium einer Lebererkrankung kommt es bei vielen Patienten zur Karzinombildung, die sowohl die restliche Struktur wie Funktionalität zerstört.

Chirurgische Therapien sind vom Befund und dem Stadium der Lebererkrankung abhängig. Bei Patienten mit einem auf einen Leberlappen beschränkten hepatozellulären Karzinom (HCC) ist die chirurgische Teilresektion die Therapie der Wahl (20). Liegt neben der HCC zusätzlich noch eine Leberzirrhose vor, ist die orthotope Lebertransplantation (OLT) die ideale Therapie, da sie nicht nur den Lebertumor sondern auch die zugrunde liegende Präkanzerose wie die Leberfunktionsstörung kurativ behandelt (181). Grund für eine OLT können auch Gallenwegsmissbildungen oder Stoffwechselerkrankungen sein.

1.2 Zelltransplantation als alternativer Therapieansatz

Bei der OLT setzen sich die Betroffenen den Risiken eines komplexen operativen Eingriffs und einer anschließend lebenslangen medikamentösen Immunosupression aus (109). Ein weiteres Problem besteht darin, dass nicht ausreichend passende Spenderorgane für die Transplantationen vorhandenen sind. Manche Patienten können außerdem aufgrund medizinischer, technischer oder psychosozialen Kontraindikationen einer solchen Operation nicht unterzogen werden. Wegen der permanenten Knappheit an Organen und der Kontraindikationen stellen zellbasierte Therapien eine Alternative dar, um beispielsweise Patienten mit funktionsgestörten Hepatozyten oder mit akutem Leberversagen zu therapieren (14). Durch die Transplantation von Hepatozyten bei Patienten mit enzymatischen Defiziten, wie zum Beispiel der Ornithintranscarbamylase, Argininosuccinatelyase oder Carbamoylphosphatesynthase 1 konnte eine Verringerung des Ammoniakgehalts im Blut und eine verbesserte Harnstoffproduktion erreicht werden (64,100,101). Hepatozyten konnten zudem erfolgreich eingesetzt werden, um die Wartezeit von Patienten bis zu ihrer OLT zu überbrücken (119). Neben der Gewinnung von Zellen für Transplantationszwecke sind Zellen mit einem hohen Spektrum an metabolischen Kapazitäten von generellem Interesse, zum Beispiel für die Arzneimittelentwicklung.

1.1 Zellen für *in vitro* Toxizitätsstudien

Das größte Problem bei der präklinischen Medikamentenentwicklung ist der bestehende Mangel an geeigneten *in vitro* Modellen. Diese sind notwendig, um langfristige pharmakologische und toxikologische Wirkmechanismen im Menschen vorhersagen zu können (144). Für die Medikamentenentwicklung sind zudem Induktionsstudien von Interesse. Eine Vernachlässigung dieses Themas führt zu nachhaltigen Konsequenzen, wie der reduzierten pharmakologischen Effektivität sowie der erhöhten Toxizität der eingesetzten Arzneimittel (60). Die Prüfung auf Toxizität ist im Detail durch Leitlinien der „Food and Drug Administration" (FDA) und der Europäischen Arzneimittelagentur vorgeschrieben. Diese vorgeschriebenen Studien machen laut Verband der forschenden Arzneimittelhersteller 86% aller im pharmazeutischen Bereich durchgeführten Tierstudien aus (5). Neben der Arzneimittelentwicklung ist aufgrund der Gesetzgebung der europäischen Union (EU) seit 2001 eine generelle Klassifizierung (REACH, Registrierung, Bewertung und Zulassung von Chemikalien) von chemischen Subtanzen notwendig. Damit soll ein verbesserter Schutz der menschlichen Gesundheit und der Umwelt gewährleistet werden (174). In der EU müssen alle neu entwickelten Substanzen, ab einer Produktion oder Importkapazität von mehr als einer Tonne pro Jahr, auf ihre Toxizität hin untersucht werden. Um diesen Untersuchungen gerecht zu werden, wären laut Bundesministerium für Risikobewertung in den nächsten 15 Jahren bis zu 45 Million Tierversuche nötig. Diese Zahl könnte durch die Entwicklung entsprechender alternativer *in vitro* Methoden halbiert werden (168). Der derzeitige Goldstandard für die Bestimmung von akuter Toxizität und Zytochrom P450 Induktionsstudien sind primäre humane Hepatozyten (50). Nachteile dieser Zellen liegen in dem Auftreten von Spenderdifferenzen, der Veränderungen der Morphologie in Kultur, welche mit einem Verlust der metabolischen Aktivität einhergeht und ihrer nicht kontinuierlichen Verfügbarkeit. Letzterem wird versucht mittels Kryokonservierung entgegenzuwirken. Dies ist bis heute nicht gelungen, da die eingefrorenen Hepatozyten durch das Einfrieren und Auftauen stark in Mitleidenschaft gezogen werden und Einbußen hinsichtlich ihrer Viabilität, Adhäsion sowie ihrer enzymatischen wie metabolischen Fähigkeiten aufzeigen (155).

Die Einschränkungen der humanen Hepatozyten für *in vitro* und *in vivo* Einsätze lassen die Wissenschaft weiter nach alternativen Zelltypen, die in ausreichender Menge hergestellt werden können und eine hohe Wirksamkeit und Widerstandsfähigkeit aufweisen, suchen (157).

Potentiell bieten sich die folgenden Zellen an:

- ❖ replizierende Hepatozyten oder Zelllinien
- ❖ xenogene Hepatozyten
- ❖ hepatische Stammzellen
- ❖ Hepatozyten aus Stamm- oder fetalen Zellen (52)

Einleitung

Replizierende Hepatozyten können mittels Virusinfektion hergestellt werden, wie beispielsweise mit dem Simian Virus 40. Nachteil hierbei ist die Gefahr der Tumorbildung, welche bei Versuchen mit infizierten Zellen im Rattenmodell festgestellt wurde (71). Neben der Virusinfektion bietet die Transfektion der Hepatozyten mit dem Kernprotein von Hepatitis C, hTERT, p19 oder C/EBP α die Möglichkeit immortalisierte Hepatozyten herzustellen. Dies wurde mit Hepatozyten verschiedener Tiermodelle getestet, wobei das Risiko der Tumorbildung nie ganz ausgeschlossen werden konnte (105).

Hepatomzelllinien wie zum Beispiel HepG2 oder HuH7 haben den Vorteil der guten Verfügbarkeit und einfachen Kultivierung, zeigen aber durch auftretende Zelltransformationen metabolische Abweichungen. Dies führt zu funktionellen Beeinträchtigungen.

Xenogene Hepatozyten werden meistens aus den Lebern von Schweinen gewonnen, sie können in großer Zahl isoliert werden und stehen somit unbegrenzt zur Verfügung. Sie bergen aber das Risiko einer immunologischen Antwort auf die Fremdantigene und könnten Zoonosen übertragen, insbesondere durch endogene Retroviren (51).

Eine Überwindung der Nachteile dieser Zelltypen scheint derzeit nur durch den Einsatz humaner Stammzellen möglich. Diese zeigen *in vitro* ein hohes Potential zur Regeneration und zur Differenzierung in verschiedene Zelltypen (117,126).

1.2 Stammzellen

Mitte des neunzehnten Jahrhunderts entstand das Konzept der Stammzelle zunächst als theoretisches Postulat. Obwohl das Gewebe selbst zum größten Teil aus kurzlebigen Zellen besteht, musste die Fähigkeit zur Selbsterneuerung, in einem anderen Zelltypus begründet liegen: der „Stammzelle" (13). Eine der ersten Arbeiten, in der sich die Stammzellforschung als wissenschaftliche Disziplin hervortut, befasste sich mit blutbildenden Zellen aus dem Knochenmark der Maus (171). Darin ist der Begriff „Colony-forming unit" geprägt und die Kriterien definiert worden, die eine Stammzelle erfüllen muss. Diese umfassen die extensive Proliferation, die Kapazität zur Selbsterneuerung und die Fähigkeit Zellen mit differenzierterem Charakter entstehen zu lassen. Je nach Bandbreite an Zellen, die aus einer Stammzelle hervorgehen, wird zwischen totipotenten, pluripotenten und multipotenten Stammzellen unterschieden (39). Totipotente Stammzellen können zu allen Zelltypen, die zur Entstehung von einem Organismus benötigt werden ausdifferenzieren. Sie bilden zusätzlich extraembryonales Gewebe wie beispielsweise die Plazenta. Pluripotente Stammzellen hingegen sind nicht in der Lage zusätzlich extraembryonales Gewebe zu bilden. Zu den multipotenten Stammzellen zählen alle Stammzellen die befähigt sind in mehr als einen Zelltyp zu differenzieren. Pluripotente, blutbildende Stammzellen wurden nach ersten erfolgreichen Transplantationen von Knochenmark in den 60er Jahren, im Jahre 1978 im Nabelschnurblut entdeckt (130). Der Terminus „embryonale Stammzelle" wurde zuerst im Jahr 1981 von GAIL R. MARTIN verwendet, die in ihrer Arbeit zeigen konnte, dass einzelne, isolierte Zellen der inneren Masse eines Blastozysten in Kultur zu mehreren Zelltypen differenziert werden können (99).

1.2.1 Embryonale Stammzellen (ESCs)

Embryonale Stammzellen sind pluripotent, da sie die Fähigkeit haben, in Zellen aller drei Keimblätter auszudifferenzieren. Diese umfassen das mesoderme, entoderme und ektoderme Keimblatt (Abbildung 1-6) (11). ESCs können sich unbegrenzt selbst regenerieren, was ein für klinische Einsätze ausreichende Zellmengen verspricht.

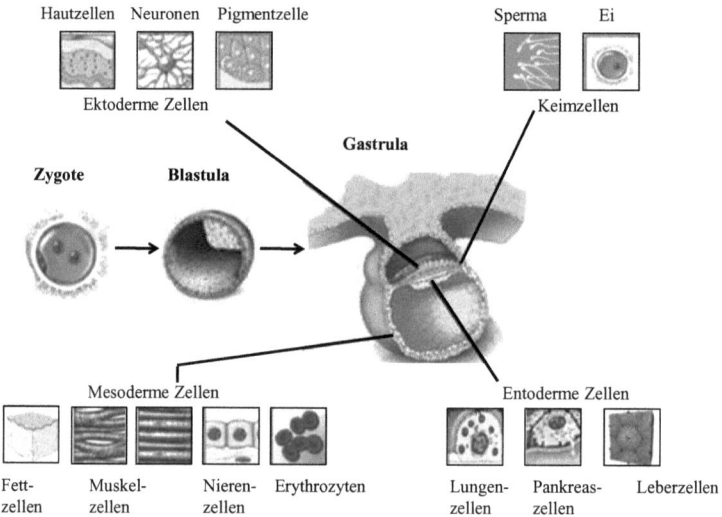

Abbildung 1-6: Entstehung der drei Keimblätter im Zuge der Gastrulation.
Diese sind Ausgangspunkt zur Ausbildung der unterschiedlichen Zellen im Körper, modifiziert von www.ncbi.nlm.nih.gov/About/primer/genetics_cell.html

Aufgrund der Pluripotenz der ESCs können aus ihnen direkt funktionelle Hepatozyten differenziert werden (1). Trotz dieses hohen Potentials stehen ESCs noch lange nicht zu klinischen Einsätzen zur Verfügung. Da ESCs aus der inneren Zellmasse von fünf Tage alten Embryonen gewonnen werden, ist ihre Gewinnung in Deutschland gesetzlich untersagt (9). *In vivo* Versuche zeigten außerdem, das ESCs zu Teratomabildung, zur Entstehung von Tumoren oder zur Immunogenität führen (170). ESCs können für therapeutische Zwecke noch nicht im vollen Umfang genutzt werden, was Alternativen, wie IPs-Zellen, epigenetische modifizierte Zellen oder adulte Stammzellen, immer mehr in den Fokus der Wissenschaft treten lässt.

Einleitung

1.2.2 Induzierte pluripotente Stammzellen (IPs-Zellen)

IPs-Zellen stellen eine potentielle Alternative zu ESCs dar. Zellen, die aus verschiedenen Quellen, wie Fibroblasten, Pankreaszellen, oder Kerantinozyten gewonnen wurden, werden mittels induzierten Transkriptionsfaktoren umprogrammiert (154,161,162). Diese pluripotenten Faktoren sind Oct4, Klf, Sox2 und c-Myc (Abbildung 1-7). Durch die virale Einschleusung aller oder nur zwei bis drei der pluripotenten Faktoren wird ein „Neustart" der Zellen erzwungen. Die Zellen können anschließend zu Zellen aller drei Keimblätter ausdifferenziert werden (161).

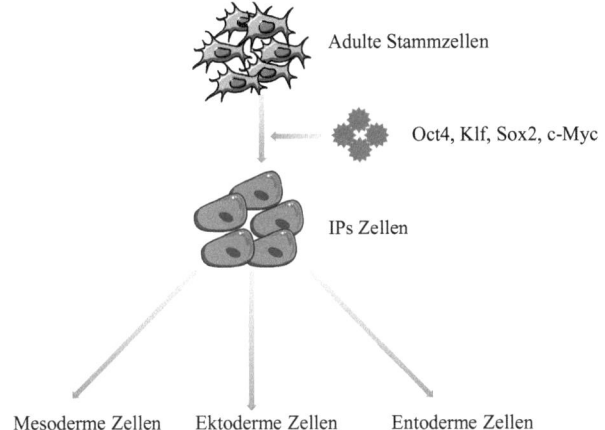

Abbildung 1-7: Schematische Darstellung der Generation von IPs-Zellen.
Durch virale Induktion aller oder einzelner pluripotenter Faktoren wie Oct4, Klf, Sox2 und c-Myc kann die Zelle umprogrammiert werden.
modifiziert von www.sigmaaldrich.com/life-science/stem-cell-biology/ipsc.html

Durch die virale Infektion kommt es zu einer starken Modifikation der Zellen, was feine Änderungen in der Genregulation zur Folge hat und das regenerative Potential der Zelle *in vivo* und *vitro* beeinflusst. Bei der anschließenden Kultivierung von IPs-Zellen sind gehäuft diverse Anomalitäten auf der chromosomalen wie subchromosomalen Ebene als auch bei einzelnen Basen nachgewiesen worden (124). Ein weiterer kritischer Punkt ist die virale Infektion, dabei können auch unspezifische Gensequenzen in die Empfängerzelle gelangen. Dies bringt die Gefahren von unkontrollierbarer Proliferation, Onkogenese oder anormalen Entwicklungen mit sich (76). Um diese Gefahren zu umgehen, wird versucht mit Hilfe von epigenetischen Veränderungen die Zell-DNA zu modifizieren.

1.2.3 Epigenetisch modifizierte Zellen

Als Epigenetik definieren sich alle meiotisch und mitotisch vererbbaren Veränderungen in der Genexpression, die nicht in der DNA-Sequenz selbst kodiert sind (12). Es erfolgen Veränderungen an den Chromosomen, wodurch Abschnitte oder ganze Chromosomen in ihrer Aktivität beeinflusst werden. Die DNA-Sequenz bleibt jedoch unverändert. Obwohl die Relevanz der einzelnen Veränderungen auf die Funktionalität noch unklar ist, wird geglaubt, dass die Modifikationen der Histone einen epigenetischen Code erzeugen. Dieser beeinflusst die Struktur des Chromatins und somit die Genexpression (153). Als Substanzen, die Einfluss auf das Chromatin haben, sind beispielsweise die Histonacetyltransferasen (HATs), Histon-Deacetylasen (HDACs), DNA- Methyltransferasen (DNMTs), Histon-Methyltransferasen (HMTs), und DNA/Histone-Demethylasen zu nennen (Abbildung 1-8).

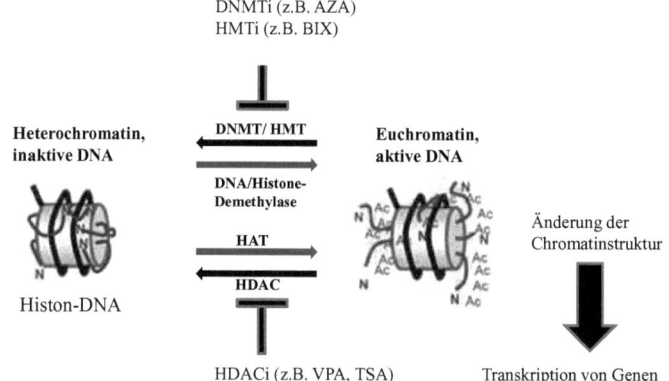

Abbildung 1-8: Einfluss verschiedener Substanzen auf die Chromatinstruktur.
Histonacetyltransferase (HAT), Histon-Deacetylase (HDAC), DNA-Methyltransferase (DNMT), Histonmethyltransferase (HMT), Inhibitor (i), 5-Azacytidine, Valproinsäure (VPA), Trichostatin A (TSA), modifiziert von [153]

HATs führen durch ihre Anheftung von Acetyl-Gruppen an die Seitenketten der Histone zu einem weniger kompakten Chromatin. Dadurch vergrößert sich das Volumen des Gensegmentes und macht so das Gen für die Transkription durch die RNA-Polymerase verfügbar. Gleiche Effekte auf das Chromatin erzielen DNA- und Histone-Demethylasen.

Im Gegensatz dazu lösen HDACs, DNMTs und HMTs durch die geschlossene Konformation und Chromosomkondensierung die Inaktivität von Genen aus. Epigenetische Veränderungen der Zellen können durch verschieden Substanzgruppen, welche die HDAC, DNMT oder die HMT inhibieren, initiiert werden.

1.2.3.1 Die HDACis Valproinsäure und Trichostatin A

Die Valproinsäure (VPA) ist eine nicht natürlich vorkommende, verzweigte Carbonsäure. In der Medizin werden sie und ihre Salze, die Valproate, als Antiepileptika eingesetzt. Trichostatin A (TSA) dagegen ist eine antimykotische, antibiotische Substanz, welche den Zellzyklus von Eukaryonten unterdrückt. Klinische Studien untersuchen derzeit, ob sich VPA oder TSA auch zur Therapie von diversen Krebserkrankungen eignen (38,69).

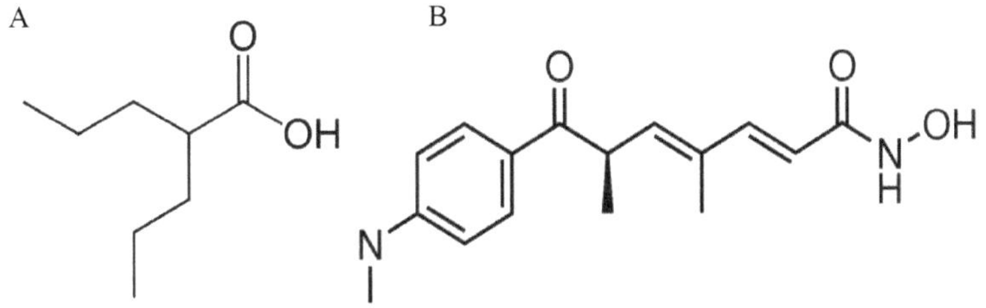

Abbildung 1-9: Strukturformel von Valproinsäure (A) und Trichostatin A (B).
www.sigma-aldrich.com

Beide sind HDACi, die durch ihre direkte Inhibition der HDAC das Chromatin auflockern und so Gene für die Transkription durch die RNA-Polymerase verfügbar machen (107).

1.2.3.2 Der DNMTi 5-Azacytidine

Der DNMTi 5-Azacytidin (85) ist ein chemisches Analogon des Nukleosids Cytidin (Abbildung 1-10).

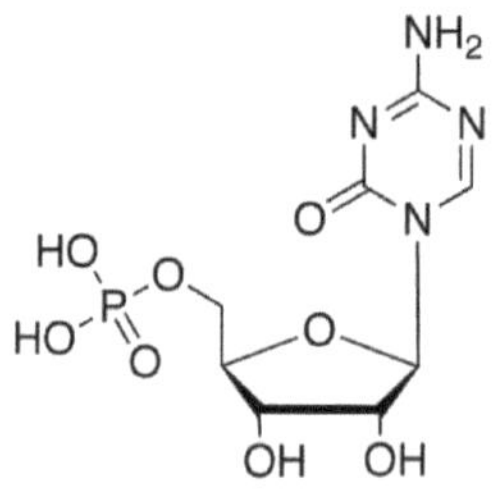

Abbildung 1-10: Strukturformel von 5-Azacytidin.
www.sigma-aldrich.com

Die zytostatisch wirkende Substanz wird als Arzneistoff in der Chemotherapie von bösartigen Tumoren des blutbildenden Systems verwendet, da es antiproliferativ auf Krebszellen wirkt. AZA wird aus *Streptoverticillium ladakanus* isoliert und zeigt zudem eine schwache antibiotische Aktivität (108). Wenn AZA in Zellen vorhanden ist, wird es während der Replikation in die DNA und während der Transkription in die RNA eingebaut. Dieser Einbau hemmt die Methyltransferasen und verursacht dadurch eine Demethylierung der Sequenz. Dadurch liegen die Histonenden frei und die Transkription einzelner Gene wird möglich. Das hat Einfluss auf die Proteine der Zellregulation (46). Weitere DNMTi sind Decitabin, Fazarabin, Zebularin und Derivate von AZA, wie zum Beispiel 5-6-dihydro-5-Azacytidine.

1.2.3.3 Der HMTi BIX-01294

BIX-01294, ein Derivat des Diazepinquinazolinamin, zählt zu den HMTi, welcher den epigenetischen Status des Chromatins verändern kann (Abbildung 1-11).

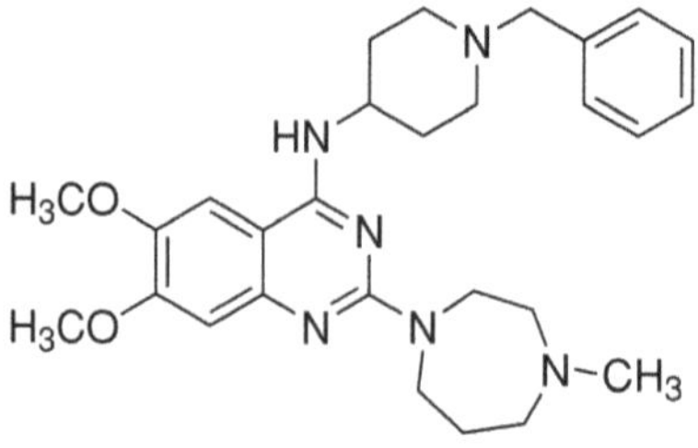

Abbildung 1-11: Strukturformel von BIX-01294.
www.sigma-aldrich.com

KUBICEK ET AL. konnte zeigen, dass BIX-01294 sehr spezifisch die H3-K9 HMTase G9a inhibiert, die eine essentielle Rolle bei der frühen Embryogenese spielt (82,160). Bei G9a-defizienten Zellen konnte ein deutlicher Abfall der H3-K9 Methylierung festgestellt werden. Die Inhibition der HMT wirken wie die DNMTi der geschlossenen Konformation und der Chromosomkondensierung entgegen und begünstigen die Transkription der Gene (61).

Die in diesem Abschnitt vorgestellten Substanzen stellen neue Wege dar, um die Zell-DNA zu modifizieren ohne auf die Einschleusung fremder Gene zurückgreifen zu müssen.

1.2.4 Adulte Stammzellen

Im Gegensatz zu embryonalen Stammzellen kommen adulte Stammzellen nicht nur im frühen Embryo vor, sondern sind nach der Geburt im gesamten Organismus vorhanden. Aus ihnen werden während der gesamten Lebensdauer des Organismus neue spezialisierte Zellen gebildet. Adulte Stammzellen sind vor allem im Knochenmark, der Haut, im Fettgewebe, im Blut, im Gehirn, in der Leber oder der Bauchspeicheldrüse zu finden. Sie sind befähigt in der eigenen Keimblattlinie in verschiede Zellen zu differenzieren; auch ein Keimblatt-überschreitendes Differenzierungspotential bestimmter Stammzelltypen ist möglich (83). Da adulte Stammzellen in jedem Menschen verfügbar sind, ist die Perspektive des Ersatzes durch körpereigene, autologe, Zellen gegeben.

1.2.5 Ovalzellen und Small Hepatozytes

Eine potentielle Quelle für funktionelle Hepatozyten stellen Vorläuferzellen aus der Leber, wie die Ovalzellen und Small Hepatozytes, dar. Ovalzellen sind die ältesten bekannten und am besten dokumentierten Vorläuferzellen von Hepatozyten und Cholangiozyten (54). Ihr Name rührt von ihrem ovalförmigen Nukleus her. Small Hepatozytes sind reine Vorläuferzellen der Hepatozyten. Sie sind mit einem Durchmesser von 7-10 µm etwa halb so groß wie Hepatozyten, zeigen eine geringere Granularität und weisen *in vivo* eine dreimal höhere Proliferation auf (166). Sowohl

Ovalzellen wie Small Hepatozytes sind schon für Zelltransplantationen bei Ratten eingesetzt worden. Beide Zelltypen zeigten eine gute Integration in die Leber des Empfängertieres und verbesserten die Funktionalität der Leber (53,184). Im Unterschied zu Ovalzellen erreichen die Small Hepatozytes schneller die volle Funktionalität von Hepatozyten, da sie die für die Proliferation wichtigen Transkriptionsfaktoren vollständig exprimieren (105). Wie bei hHeps ist das Kontingent an verfügbarem Gewebe, aus dem Ovalzellen oder Small Hepatozytes isoliert werden können, beschränkt.

1.2.6 Mesenchymale Stammzellen (MSCs)

Zu den adulten Stammzellen zählen auch die mesenchymale Stammzellen. Diese dienen zur Aufrechterhaltung und Regeneration des Stütz- und Bindegewebes, wie Knochen, Knorpel, Muskel, Bändern, Sehnen und Fettgewebe (129). Die Gewebetypen, die mesenchymale Stammzellen enthalten, sind mannigfaltig und schließen neben Nabelschnurblut, Knochen- oder Zahnmark auch das Fettgewebe ein. Die multipotenten MSCs mit Ursprüngen im Mesoderm besitzen die Fähigkeit, repräsentative Zelllinien ihres Keimblattes zu formen (31). Die phänotypische Plastizität von mesenchymalen Stammzellen konnte durch verschiedene Arbeitsgruppen belegt werden.

1.2.6.1 MSCs aus Knochenmark

Zellen, die aus Knochenmark gewonnen werden, bestehen wenigstens aus 2 verschiedenen Arten von Stammzellen (39). Eine Population sind die Hämatopoetischen Stammzellen (HSCs). Diese stellen eine sehr kleine Population dar und machen nur 0,01 % der im Knochenmark residierenden kernhaltigen Zellen aus (135). HSCs gelten als Ausgangspunkt für die gesamte Zellneubildung des Blutes und des Abwehrsystems. Sie werden bei der Transplantation zur Behandlung von Leukämie verwendet (110). Die andere Population, eine Mischpopulation, ist als BMSCs bekannt, die zur Bildung von Knochen, Sehnen, Fett und verbindendem Gewebe beiträgt. Aus ihnen konnten bereits durch entsprechende Differenzierungsprotokolle Nerven-, Skelettmuskel-, ovale Leber- und Herzmuskelzellen hergestellt werden (47,102,120,125,177).

1.2.6.2 MSCs aus Fettgewebe

Fettgewebe stellt eine besondere Möglichkeit zur Gewinnung von mesenchymalen Stammzellen dar. Vorteilhaft ist, dass adipöses Gewebe (Ad-), im Vergleich zu beispielsweise Knochenmark durch einen geringen operativen Aufwand zu gewinnen ist. Die MSCs lassen sich leicht isolieren, weisen eine hohe Proliferation auf und versprechen dadurch große Zellmengen (165). Dies macht sie zu aussichtsreichen Kandidaten für die regenerative Medizin und das Gewebeengineering (6,10,75). Ad-MSCs können wegen ihres mesodermen Ursprungs leicht in andere Zellen dieses Keimblattes, wie zum Beispiel Adipozyten, Chondrozyten oder Osteozyten differenziert werden. Interessanterweise können Ad-MSCs aber auch zu Zellen anderer Keimblätter differenzieren. Dies umfasst das myogene Keimblatt, aus welchem sich Zellen der Skelettmuskulatur, der glatten Muskelzellen und Herzmuskelzellen entwickeln. Des Weiteren lassen sich auch endotheliale Zellen, neuronal-ähnliche Zellen, Epithelzellen, pankreatische Zellen und Zellen mit hepatischen Charakter aus Ad-MSCs differenzieren (6,106). Weitere Vorteile von Ad-MSCs liegen in der Möglichkeit ihrer Langzeitkultivierung und Kryopreservation (77).

Um isolierte Zellen einer definierten Population zuordnen zu können, ist eine Charakterisierung nötig. Dafür stehen verschiedene Möglichkeiten zur Verfügung.

1.3 Charakterisierung von MSCs

Zu welchem Zelltyp eine Population zugeordnet werden kann, wird durch Stoffwechseluntersuchungen, der Detektion von Zelloberflächenmarkern, der Expression spezifischer Gene sowie Proteine oder der Adhärenz an Plastik bestimmt.

1.3.1 Oberflächenmarker

Bei Zelloberflächenmarkern, wie zum Beispiel den CD Markern (Cluster of Differentiation-Marker) handelt es sich zumeist um Glykoproteine. Es gibt bis zu 300 CD-Cluster, welche spezifisch für verschiedene Zelltypen sind. MSCs sind für die im Folgenden aufgelisteten CD-Marker positiv.

Tabelle 1-1: Expression und Bedeutung spezifischer CD-Marker bei MSCs

Marker	Bedeutung	MSCs	Quelle
CD 13	Aminopeptidase N, die zinkbindende Metalloprotease, ist in verschiedenen Membranen und Plasmamembranen lokalisiert. Im Dünndarm spielt sie beim Verdau von Peptiden eine große Rolle.	+	(175,187)
CD 29	Integrin beta1, Fibronektinrezeptor involviert in Zelladhäsion und in Prozesse wie Embryogenesis, Hämostase, Geweberegeneration und Immunabwehr.	+	(49,187)
CD 44	Rezeptor für Hyaladherin (HA), welches die Zellantwort auf Wachstumsfaktoren reguliert. CD44 vermittelt zudem Zelladhäsion und ist ein Signalwandler für die Zelle.	+	(49,187)
CD 90	Thy-1 ist ein oft vorhandenes Glykoprotein in Säugetieren welches als Marker von hämatopoetischen Vorläuferzellen und Fibroblasten exprimiert wird.	+	(30,49,175)
CD 73	Plasmamembranprotein, welches die Umwandlung von extrazellulären Nukleotiden zu membran-permeablen Nukleosiden katalysiert. Das Protein dient als Marker für ausdifferenzierte Lymphozyten.	+	
CD 105	Transmembranprotein, ein Glykoprotein des vaskulären Endotheliums. Das Protein ist ein Teil des TGFβ-Rezeptorkomplexes und bindet TGFβ1 und TGFβ3 mit hoher Affinität.	+	(175,187)
CD 166	Aktives Adhäsionsmolekül der Leukozyten, wichtig für Differenzierung, Migration und Proliferation der Zelle.	+	(187)

Einleitung

Neben der Erfassung von Oberflächenmarkern ist es wichtig, die Eigenschaften der Zellen hinsichtlich ihrer Proliferation zu untersuchen.

1.3.2 Proliferationsverhalten der Zellen über die Passagierzeit

Durch die Analyse der Telomerlänge wird untersucht, ob die Zellen mit dem Passagieren einem „Alterungsprozess" unterliegen. Hierdurch kann ein kanzerogener Charakter der Zelle bestimmt werden. Telomere sind die natürlichen einzelsträngigen Enden linearer Chromosomen. Sie sind für die Stabilität von Chromosomen wichtig, bilden ein wesentliches Strukturelement der DNA und besitzen einen großen hochrepetitiven Guanin- und Thymin-Anteil. In humanen Zellen wiederholt sich die Nukleotid-Sequenz TTAGGG mehr als 3000-mal (33). Mit jeder Zellteilung werden die Telomere verkürzt, da die DNA-Polymerase am Folgestrang nicht mehr ansetzen kann. Unterschreitet die Telomerlänge ein kritisches Minimum von zirka 4 Kilobasenpaar (kbp), kann sich die Zelle nicht weiter teilen. Es resultiert der programmierte Zelltod (Apoptose) oder ein permanenter Wachstumsstopp (Seneszenz) (55). Die hierdurch entstandene Begrenzung der zellulären Lebenszeit wird als Tumorsuppressor-Mechanismus verstanden.

Eindrucksvoll sind die Untersuchungen, der Verkürzung der Telomerlänge in Abhängigkeit des sozio-ökonomischen Umfelds, durch CHERKAS, ET AL. Die Arbeitsgruppe hat die Telomerlänge der weißen Blutkörperchen von 1552 weiblichen Zwillingspaaren untersucht. Die Telomerlänge in der Gruppe variierten stark, Personen aus schlechterem sozio-ökonomische Umfeld wiesen aber eine signifikant kürzere Telomerlänge auf (26).

Um die isolierten Stammzellen erfolgreich für die Behandlung von Krankheiten beim Menschen nutzen zu können, ist es wichtig, die Zellen stabil zu vermehren. Dafür sind geeignete Kulturbedingungen nötig, die den Zellen auch nach längerer *in vitro* Phase die Fähigkeit zur Differenzierung - zum Beispiel in Hepatozyten-ähnliche Zellen ermöglichen (170).

1.4 Hepatische Differenzierung

Zur Gewinnung von Hepatozyten-ähnlichen Zellen sind in der Literatur neben den in dieser Arbeit genutzten Ad-MSCs auch Zellen aus Lebergewebe, Vorläuferzellen der Leber, Knochenmark, Fibroblasten oder Blut beschrieben (28,40,43,96,139,158). Allerdings zeigen die bisher beschriebenen Hepatozyten-ähnlichen Zellen eine signifikant geringere metabolische Aktivität im Vergleich zu primären humanen Hepatozyten auf (58,117). Diese geringere metabolische Aktivität wird unter anderem der langen 2D Kultivierung- beziehungsweise Differenzierungsphasen zugeschrieben (40). Zur hepatischen Differenzierung von Zellen können verschiedene Medienzusätze und Wachstumsfaktoren eingesetzt werden (Tabelle 1-2).

Tabelle 1-2: Medienzusätze bei der hepatischen Differenzierung verschiedener Ausgangszellen

Referenz	(40,137,138)	(173)(23)	(96)	(78,111)	(70)
Zelltyp	mononukleäre Zellen	Pankreatische Zelllinie	Fibroblasten	MSC-ähnliche Zellen (Leber)	humane ESCs
EGF				+	
FGF-2 und /oder FGF-4	+		+	+	+
HGF	+	+	+	+	
OsM	+	+	+		
BMP 4					+
Dexamethason		+	+	+	+
Nicotinamid			+	+	
ITS			+	+	
Ascorbinsäure					+
Retinsäure					+
Kollagen	+	+	+		+

In den folgenden Abschnitten sind die Medienzusätze NIC, DEX, EGF, TNF-α, FGF, HGF und OsM detaillierter beschrieben.

Einleitung

1.4.1 Nicotinamid

Bei der Differenzierung kann Nicotinamid (NIC) eingesetzt werden. Dies ist das Amid von Niacin (Vitamin B3) und besitzt große biochemische Bedeutung. Es ist ein wichtiger Bestandteil der Koenzyme NAD+ / NADP+ (Abbildung 1-12). Daneben hat es als Histondeacetylaseinhibitor (HDACi) auch einen epigenetischen Einfluss auf die Zell-DNA (140,153). Schon bei der Kultivierung von adulten Hepatozyten spielt NIC eine große Rolle. Der Abbau von NAD in den Zellen wird reduziert, wodurch die Hepatozyten geschützt werden. Das verbessert die Zellreplikation und ermöglicht die längere Kultivierung der Zellen ohne Verluste hepatozyten-spezifischer Marker (67).

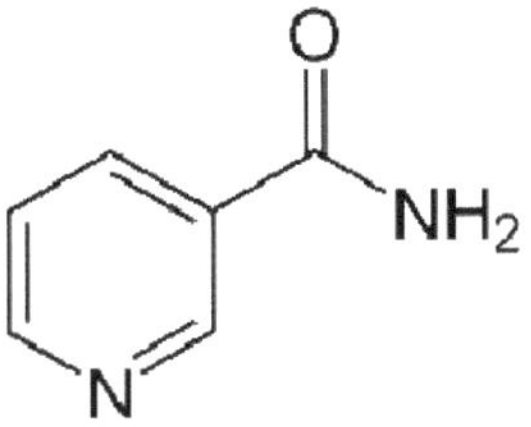

Abbildung 1-12: Strukturformel von Nicotinamid.
www.sigma-aldrich.com

Positive Effekte von NIC konnten auch bei der Herstellung von Hepatozyten aus Vorläuferzellen der Leber, sogenannten Small Hepatocytes, festgestellt werden. SAKAI, ET AL. konnte zeigen, dass die Verwendung von NIC in Kombination mit DMSO signifikant die Ausbeute an Small Hepatocytes aus fetalen Leberzellen von Mausembryonen erhöht. Der Einsatz von NIC führte auch zu einer besseren Albuminsekretion sowie einer höheren CYP1A1/2 Expression (139). Diese positiven Eigenschaften können auch für die hepatische Differenzierung von humanen MSCs genutzt werden (85,96,111).

1.4.2 Dexamethason und Hydrokortison

Der Einsatz von Dexamethason (DEX) begründet sich auf seiner regulierenden Wirkung auf Gene der CYP3A-Gruppe, im speziellen der Induktion des Enzyms CYP3A4 (143). Die Induktion ist auf die kontrollierende Wirkung von DEX auf den PX- und den CA-Rezeptor zurückzuführen. Beide Rezeptoren erhöhen die Expression von CYP3A4 (123). Die Kombination von DEX mit HGF fördert bei Zellen die Transition von mesenchymalen zu hepatischen Charakteristika (32). Dabei handelt es sich bei DEX um ein künstliches Glukokortikoid (Abbildung 1-13 A), das entzündungshemmend und immunsuppressiv wirkt. Dexamethason entsteht durch die chemische Modifikation von Cortisol. DEX hat eine stärkere Affinität zum Rezeptor sowie eine längere Halbwertzeit. Dies führt zu einer 30-mal stärkeren Wirkung im Vergleich zu den körpereigenen Glukokortikoiden, wie zum Beispiel Hydrokortison (Abbildung 1-13 B).

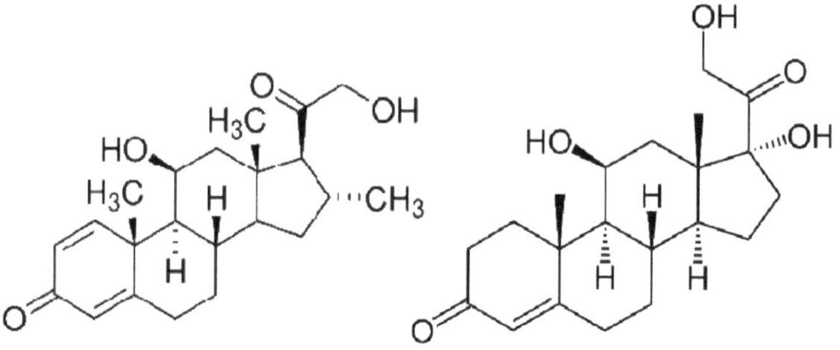

Abbildung 1-13: Strukturformeln von Dexamethason (A) und Hydrokortison (B).
www.sigma-aldrich.com

1.4.3 Zytokine

Zytokine sind Glykoproteine, die das Wachstum und die Differenzierung von Zellen regulieren. Diese Gruppe von Peptiden leiten die Proliferation und Differenzierung von Zellen ein und regulieren diese. Entsprechend werden einige Zytokine als Wachstumsfaktoren bezeichnet, andere als Mediatoren, da sie eine wichtige Rolle für immunologische Reaktionen spielen. Zytokine können in folgende Hauptgruppen eingeteilt werden: Interferone, Interleukine, Kolonie-stimulierende Faktoren, Tumornekrosefaktoren und Chemokine (74). In der Zellbiologie nimmt die Bedeutung der Zytokine ständig zu; heute werden viele bereits kommerziell als rekombinante Proteine produziert.

1.4.3.1 EGF

EGF, ein Polypeptid, das bei der Einleitung der Mitose als Signalmolekül auftritt, stimuliert die Differenzierung einer Reihe von Zelltypen (61). SERANDOUR ET AL.

konnte zeigen, dass bei der Co-Kultivierung von Hepatozyten mit Epithelzellen EGF alleine die Reproduktion von Hepatozyten nicht anstößt. Hierzu bedarf es der Kombination von EGF mit TNF, wodurch die Replikation um 30% zunahm (148). Proteine wie EGF können indirekt die Proteinkinasen MAP und JNK aktivieren, die ihrerseits c-Jun und c-Fos phosphorylieren. Dies führt zur Bildung des Transkriptionsfaktors AP-1. Dieser Faktor bindet an die DNA, um spezifische Gene an- beziehungsweise abzuschalten (83). Aufgrund dieser Wirkungen wird EGF oft zur Differenzierung von Zellen eingesetzt (1,126,181).

1.4.3.2 TNF α

Der Tumornekrosefaktor α, ein pleiotropes Zytokin, ist ein multifunktionaler Signalstoff des Immunsystems, welcher bei lokalen und systemischen Entzündungen beteiligt ist (56). Zudem hat TNF α Einfluss auf die Apoptose, Proliferation und Differenzierung von Zellen. TNF α wird hauptsächlich von Makrophagen ausgeschüttet und erhöht durch die Vermittlung von T-Zellen die Regression von Tumoren (179). WANG, ET AL. zeigt, dass TNF α in Kombination mit Lipopolysacchariden die Differenzierung von CD141 positiven Monozyten in dendritische Zellen beschleunigt (95).

1.4.3.3 FGF

Dieser Wachstumsfaktor umfasst eine große Gruppe von Sub-Typen, die als FGF-Familie bezeichnet wird und bis heute 23 Mitglieder hat. Diese Faktoren gehören zu den Signalproteinen, die wichtige und potente Regulatoren des Zellwachstums und der Differenzierung von Zellen darstellen. Sie spielen eine Schlüsselrolle bei der embryonalen Entwicklung und steuern im adulten Organismus gewebsreparative Prozesse. Sie sind aktiv eingebunden in die Vorgänge der Wundheilung und der Neubildung von Gefäßen, sowie in der Regeneration von Nerven und Knorpelgewebe (121). FGFs sind zudem ein wichtiger Bestandteil der frühen Entwicklung des Entoderms. Sie werden von den mesodermalen Zellen des Herzens produziert und sind nötig für die Entwicklung von einem Teil des Entoderms in Richtung Leber (164).

Bei der Differenzierung von Stammzellen wird häufig FGF-2 oder FGF-4 eingesetzt. Stammzellen des Knochenmarks, die zum Beispiel mit FGF-4 kultiviert werden, zeigen innerhalb von zwei Wochen eine erhöhte Expression von Cytokeratin 18 und CYP1A1 im Vergleich zu undifferenzierten Zellen. In Kombination mit HGF verstärkt sich dieser Effekt noch (145).

1.4.3.4 HGF

HGF spielt als Wachstumsfaktor eine wichtige Rolle in der Leberentwicklung und Leberregeneration. Durch Bindung von HGF an den Rezeptor c-Met wird eine Signalkaskade ausgelöst, die das Zellwachstums, die Zellbeweglichkeit und die Morphogenese der Zellen reguliert. Damit spielt HGF eine zentrale Rolle in der Angiogenese, der Tumorentwicklung und der Regenration von Gewebe (66). HGF ist an der Bildung des Gallengangs während der Leberentwicklung beteiligt und induziert das α-Fetoprotein, ein Serumprotein der embryonalen Entwicklung (103). Nach einer Teilresektion der Leber wird es verstärkt sezerniert, wodurch die verbliebenen Hepatozyten zur Proliferation anregt werden. In verschiedenen Mausmodellen konnte gezeigt werden, dass HGF das Zellüberleben und die Regeneration von Gewebe fördert, sowie das Krankheitsbild chronischer Entzündungen oder einer Fibrose verbessert (113). Bei Mäusen mit einem Knock-out von HGF oder seinem Rezeptor c-Met ist die Entwicklung sowie die Fähigkeit zur Regeneration der Leber stark eingeschränkt (128).

Die beschriebenen Eigenschaften vom HGF auf die Leberentwicklung und Regeneration kann bei der Differenzierung von Zellen genutzt werden. Bei der Verwendung von HGF zur Kultivierung von Rattenhepatozyten kann eine starke Stimulation der DNA Synthese beobachtet werden, wobei 40% der Zellen in die S-Phase eintreten (112).

1.4.3.5 Oncostatin-M

Oncostatin-M ist ein 28 kDa große Zytokin, das im Knochenmark und im lymphatischen System als direkte Antwort auf IL-2, IL-3 und EPO erzeugt wird. Es ist Teil der Signalkaskade zur Steuerung der Hämatopoese und an der Entzündungsreaktion beteiligt. OSM zählt zur gruppe der IL-6-Typ Zytokine, zu denen auch IL-6, IL-11, IL-27, LIF, CT-1, CNTF, NP und CLC gehören (57). Von all diesen Mitgliedern inhibiert OSM das Wachstum von Krebszellen am stärksten (63). OSM kann wie IL-6 die

Akutphase-Proteinsynthese in der Leber stimulieren (178). Neben dem Prozess der Angiogenese wird durch OSM auch die Proliferation und Differenzierung von zum Beispiel hämatopoetischen Stammzellen, Endothelzellen, Fibroblasten und Osteoblasten unterstützt. KAMIYA, A., ET AL. induzierten beim Einsatz von OSM die Entwicklung von Hepatozyten aus fetalen Zellen und detektierten die Produktion von OSM in hämatopoetischen Zellen, die in der fetalen Leber expandierten (73).

Durch Synopse literarisch vorhandener Differenzierungsprotokolle und eigener Vorversuche, die positive Ergebnisse erzielten, wurden die Medienzusätze 5-Azazytidine, EGF, FGF4, Nicotinamid, Dexamethasone, ITS und HGF ausgewählt und systematisch getestet (137).

Um die Zellen für klinische Applikationen einsetzen zu können sind *in vivo* Versuche unabdingbar. Für diese Untersuchungen stehen verschiedene Mausmodelle zur Verfügung.

1.5 Mausmodelle um Leberschädigungen zu simulieren

Um den Einsatz von Zellen *in vivo* zu erforschen, stehen verschiedene Mausmodelle zur Verfügung, die mittels Chemikalien oder durch den „knock out" bestimmter Gene eine Leberschädigung aufweisen. Dies führt zu einem Bedarf an Zellen. Nur so ist es möglich externe Zellen anzusiedeln.

Um eine akute Schädigung zu erreichen wird zumeist Tetrachlorkohlenstoff (CCl_4) eingesetzt. CCl_4 ist ein typisches Hepatoxin, welches sowohl eine zentrizonale Nekrose als auch eine partielle Apoptose der Zellen hervorruft. CCl_4 löst oxidativen Stress in den Zellen aus, führt zur Aktivierung von Caspase 3 und zerstört die Mitochondrien (159). Diese künstlich verursachte Toxizität ähnelt einer Überdosis Paracetamol beim Menschen (62). Durch die Zellschädigung kommt es zu einem Anstieg von HGF in den sinusförmigen Zellen, dies wiederum führt zu einer Proliferation der noch vorhandenen Hepatozyten.

Um eine Immunreaktion des Empfängertieres gegen injizierte Zellen zu unterdrücken kann zum Beispiel das „knock out" Modell Scid/beige genutzt werden. Die Scid/beige Maus hat zwei genetische Defekte welche zu einem Mangel von funktionellen Immun-Effektor-Zellen führt. Die Scid Mutation führt dazu, dass keine B- und T-Lymphozyten gebildet werden. Die beige Mutation führt zu einem Defekt in den natürlichen Killerzellen. Daraus resultiert bei den Tieren eine ineffiziente Immunantwort, wodurch die Abstoßung von Transplantaten verringert wird (169).

Um chronische Leberschäden zu simulieren, ist ein Fumarylacetoacetathydrolase ($FAH^{-/-}$) defizientes Mausmodell von LAGASSE, ET AL. etabliert worden, das eine hepatorenale Tyrosinämie 1 simuliert (84). Dieser Krankheit liegt eine Mutation auf dem Chromosom 15 zugrunde, die für eine Defizienz des Enzyms Fumarylacetoacetase sorgt. Das Enzym katalysiert im Abbaustoffwechsel der Aminosäure Tyrosin den letzten Schritt zu den beiden Endprodukten Acetoacetat und Fumarat. Stattdessen werden Succinylaceton, Succinylacetoacetat und Maleylacetoacetat gebildet. Diese Fehlprodukte des Stoffwechsels führen schließlich zur Schädigung der Zellen in Leber, Niere und Gehirn (136). Auch bei dem Mausmodell kommt es zu diversen Leberschäden, da ein Abbau der für Hepatozyten toxischen Metabolite

Furmarylacetoacetat und seinen Derivaten unmöglich ist. Die Maus überlebt nur bei der Fütterung von 2-(2-nitro-4-trifluoro-methylbenzyol)-1,3-cyclohexanedione (NTBC), welches die Produktion der toxischen Metaboliten unterbindet.

Ein weiteres „knock out" Modell zur Darstellung chronischer Leberschäden ist die „Multi-drug-resistance" defiziente (MDR2$^{-/-}$) Maus. Dieser fehlt ein leberspezifisches Glykoprotein, welches für den Phosphatidylcholintransport zwischen den Membranen der Gallengangskanäle verantwortlich ist. Mit der Sekretion der Phospholipide in die Gallenflüssigkeit wird das Ausfallen von Cholesterin verhindert und zudem die Konzentration der Gallensalze niedrig gehalten, da diese sonst toxisch wirken. Den Mäusen fehlt die Fähigkeit zur Sekretion der Phospholipide, dadurch wird ein Abfall der Cholesterinsekretion, ein Rückstrom der Gallenflüssigkeit in die Portalregionen der Leber ausgelöst. Dort kommt es zu Entzündungen und Ausbildung einer biliären Fibrose. Dieser Krankheitsverlauf ist ähnlich einer intrahepatischen Cholestase beim Menschen (35,48). Die Entzündung der Leber und die Toxizität der Gallensalze führen zu Gewebsveränderungen und zu zirka 16 Monaten später eintretenden Tumorbildungen.

Um die Krankheit Morbus Wilson im Mausmodell zu simulieren, kann eine Mutation des Gens ATP7B auf dem Chromosom 13 vorgenommen werden. Es kommt zu einem Defekt der Transport-ATPase für Kupfer. Eine verminderte Kupferausscheidung über die Galle und die Akkumulation des Kupfers in verschiedenen Organen ist die Folge (22).

Um weitere Leberkrankheiten zu simulieren, die auf metabolischen Defekten beruhen, sind verschiedene „knock-out" Mäuse etabliert worden. Wird bei Mäusen das LAP-tTA und TRE-E2 Gen ausgeknockt, kommt es wie bei der Ahornsirupkrankheit zu einer Störung des Aminosäurestoffwechsels. Infolge reichern sich die Aminosäuren in Leukozyten, Fibroblasten und Lebergewebe an (152). Weitere wichtige Mausmodelle wurden etabliert um verschiedene Harnstoffzyklus-Enzymdefekte zu untersuchen. Diese Defekte umfassen den Carbamoylphosphat-Synthetase-1-Mangel, N-Acetylglutamat-Synthetase-Mangel, Ornithin-Transcarbamylase-Mangel, Argininsuccinat-Synthase-Mangel, Argininsuccinat-Lyase-Mangel und den Arginase 1-Mangel (87). Alle Harnstoffzyklusdefekte führen zur Hyperammonämie, werden bis auf den Ornithin-

Transcarbamylase-Mangel autosomal-rezessiv vererbt und können sich in jeder Lebensphase erstmals manifestieren. Durch den knock-out einzelner Gene können monogentische Krankheitsbilder simuliert werden. Der Effekt verschiedener Behandlungsmethoden kann bei solchen Modellen nachvollziehbar untersucht werden.

2. Zielsetzung dieser Arbeit

Diese Arbeit hatte die folgenden Ziele:

1. Gewinnung humaner, mesenchymalen Stammzellen aus Fettgewebe in ausreichender Menge für *in vivo* Applikationen.

2. Charakterisieren der gewonnen MSCs zur Sicherstellung einer homogenen Zellpopulation.

3. Erarbeitung eines Differenzierungsprotokolls zur Gewinnung Hepatozyten-ähnlicher Zellen.

4. Vergleich der differenzierten Zellen mit primären Hepatozyten hinsichtlich metabolischer und enzymatischer Aktivitäten.

5. Durchführung von *in vivo* Versuchen um die Integration der Hepatozyten-ähnlichen und Ad-MSCs in die Empfängerleber zu untersuchen.

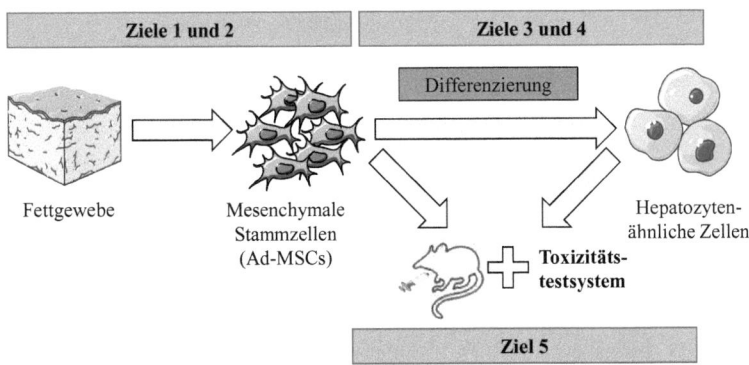

Abbildung 2-1: Zielsetzung der Arbeit

3. Material und Methoden

3.1 Material

3.1.1 Geräte

Tabelle 3-1: Verwendete Geräte

ABI Prism 7700 Sequenzdetektor	Applied Biosystems Inc., Foster City, USA
FACS Canto II	BD Biosciences, San Jose, CA, USA
Feinwaage	Kern, Ballingen-Frommern, Deutschland
FLUOstar Omega	BMG Labtech, Offenburg, Deutschland
Fluoreszenzmikroskop Nikon Eclipse TE2000-5	Nikon, Düsseldorf, Deutschland
Lichtmikroskop Axiovert 40C	Zeiss, München, Deutschland
NanoDrop®	Thermo Electron LED GmbH, Langenselbold, Deutschland
Inkubator HERAcell 150	Thermo Electron LED GmbH, Langenselbold, Deutschland
Intas Gel iX Image Instrument	Imaging Instruments GmbH, Göttingen, Deutschland
Perfusionspumpe Cyclo II	Roth, Karlsruhe, Deutschland
Sterilwerkbank, MSC Advantage	Thermo Scientific, Langenselbold, Deutschland
Stickstofftank LS 3000	Taylor-Wharton, Theodore, Deutschland
Video-Bild-System Vi-Cell XR	Beckman Coulter, USA
Wasserbad inkl. Thermostat	Memmert, Schwabach, Deutschland
Vibrating blade Microtome	Leica, Wetzlar, Deutschland
Zentrifugen	Eppendorf, Hamburg, Deutschland

Material und Methoden

3.1.2 Verbrauchsmaterial

Tabelle 3-2: Verbrauchsmaterialien

Einmal-Injektionskanülen Sterican®	Braun, Melsungen, Deutschland
Einmalspritzen Inject®, 2-teilig	Braun, Melsungen, Deutschland
Einfrierröhrchen (2 ml) für Zellen	PAA Lab. GmbH, Pasching, Österreich
Deckgläschen	Gerhard Menzel GmbH, Braunschweig, Deutschland
Multiwellplatten	PAA Lab. GmbH, Pasching, Österreich
Objektträger	Gerhard Menzel GmbH, Braunschweig, Deutschland
Pasteurpipetten 150mm + 230mm, glas	Neo Lab, Heidelberg, Deutschland
PCR-Reaktionsgefäße Multiply® -Strip	SARSTEDT, Nümbrecht, Deutschland
Pipetten 2,5, 5; 10, 25 ml	SARSTEDT, Nümbrecht, Deutschland
Pipettenspitzen	Eppendorf, Hamburg, Deutschland
Plastikküvetten	Eppendorf, Hamburg, Deutschland
Reaktionsgefäße 0,5; 1,5; 2 ml	Eppendorf, Hamburg, Deutschland
Reaktionsgefäße 15 + 50 ml	SARSTEDT, Nümbrecht, Deutschland
Sterilfilter 0,22 µm	SARSTEDT, Nümbrecht, Deutschland
Skalpelle, No 10	Feather, Japan
Zellschaber, 20mm Lamelle	PAA Lab. GmbH, Pasching, Österreich
Zellkulturschalen 10cm^2	PAA Lab. GmbH, Pasching, Österreich
Zellkulturflaschen, steril 75 und 175 cm^2	PAA Lab. GmbH, Pasching, Österreich

3.1.3 Chemikalien

Tabelle 3-3: Chemikalien

Acetatsäure, purum = 99,0%	Sigma-Aldrich, München, Deutschland
Acrylamide/Bisacrylamide Lsg. 40 % (37,5:1)	Roth, Karlsruhe, Deutschland

Material und Methoden

Agarose	Peqlab, Erlangen, Deutschland
Albumin	Serva Elektrophorese GmbH, Heidelberg, Deutschland
Alamar Blue Reagenz	Biozol, Eching, Deutschland
4-Androsten-3,17-dion	Sigma-Aldrich, München, Deutschland
APS	Sigma-Aldrich, München, Deutschland
Arylsulfatase	Roche, Penzberg, Deutschland
5-Azacytidin	Sigma-Aldrich, München, Deutschland
Borsäure	Sigma-Aldrich, München, Deutschland
BIX- 01294	Sigma-Aldrich, München, Deutschland
Brij-35	Sigma-Aldrich, München, Deutschland
Bromphenol Blau	Sigma-Aldrich, München, Deutschland
Calciumchlorid	Sigma-Aldrich, München, Deutschland
Chloroform	Roth, Karlsruhe, Deutschland
Complete	Roche, Penzberg, Deutschland
Cyanblau	Sigma-Aldrich, München, Deutschland
DAPI	Invitrogen, Darmstadt, Deutschland
Desoxyribonukleosidtriphosphate (dNTPs)	Axon, Kaiserslautern, Deutschland
Dexamethason	Sigma-Aldrich, München, Deutschland
Diethylpyrocarbonat (DEPC)	Sigma-Aldrich, München, Deutschland
Fibronectin	Sigma-Aldrich, München, Deutschland
Glukose	Roth, Karlsruhe, Deutschland
Glucuronidase	Roche, Penzberg, Deutschland
Glycerol	Sigma-Aldrich, München, Deutschland
Glycin	Sigma-Aldrich, München, Deutschland
β-Glycerolphosphat	Sigma-Aldrich, München, Deutschland
Guanidinhydrochlorid	Sigma-Aldrich, München, Deutschland
Ethanol	Apotheke, Klinikum rechts der Isar

Material und Methoden

Ethidiumbromid	Roth, Karlsruhe, Deutschland
3,7% Formaldehyd Lösung	Apotheke, Klinikum rechts der Isar
HCl	Roth, Karlsruhe, Deutschland
H_2SO_4	Roth, Karlsruhe, Deutschland
Histopaque-1077	Sigma-Aldrich, München, Deutschland
Hoechst 33258	Sigma-Aldrich, München, Deutschland
Isopropanol	Apotheke, Klinikum rechts der Isar
Kollagen	MRI, Eigenprodukt aus Rattenschwänzen
Kollagenase II	Biochrome, Berlin, Deutschland
Kollagenase P	Roche, Penzberg, Deutschland
L-Ascorbat-2-phosphat	Apotheke, Klinikum rechts der Isar
$MgCl_2$	Sigma-Aldrich, München, Deutschland
Magnesiumchloridlösung 25µM	Axon, Kaiserslautern, Deutschland
3-Methylcholantren	Sigma-Aldrich, München, Deutschland
Methanol	Roth, Karlsruhe, Deutschland
2-Mercaptoethanol	Sigma-Aldrich, München, Deutschland
Natriumacetat	Sigma-Aldrich, München, Deutschland
Natriumcarbonat	Sigma-Aldrich, München, Deutschland
Natriumhydroxid (NaOH)	Merck, Darmstadt, Deutschland
Natriumtartrat*H_2O	Merck, Darmstadt, Deutschland
Natriumthiosulfat	Merck, Darmstadt, Deutschland
N-(1-naphthyl)ethylenediamine-dihydrochloride	Sigma-Aldrich, München, Deutschland
Naphtol AS-M X Phosphat Dinatriumsalz	Sigma-Aldrich, München, Deutschland
N, N-Dimethylformamid (99,9%)	Merck, Darmstadt, Deutschland
Nicotinamid	Sigma-Aldrich, München, Deutschland
2α-, 6α-, 16α-, 2β-,6β-, 16 β-Hydroxy-testosteron	Sigma-Aldrich, München, Deutschland

O-Phthalaldehyde	Sigma-Aldrich, München, Deutschland
Percoll Lösung	Biochrome AG, Berlin, Deutschland
Phalloidin Konjugate	Sigma-Aldrich, München, Deutschland
Phenobarbital	Sigma-Aldrich, München, Deutschland
Ponceau S	Roth, Karlsruhe, Deutschland
Polyvinylalkohol	Sigma-Aldrich, München, Deutschland
10 x Reaktions-Puffer (Mg^{2+} frei)	Axon, Kaiserslautern, Deutschland
Rifampicin	Sigma-Aldrich, München, Deutschland
Roti®-Histofix 4%	Roth, Karlsruhe, Deutschland
Salzsäure	Roth, Karlsruhe, Deutschland
Schiffs Reagenz	Roth, Karlsruhe, Deutschland
SDS	Sigma-Aldrich, München, Deutschland
Sulforhodamin B Natriumsalz	Sigma-Aldrich, München, Deutschland
Testosteron	Sigma-Aldrich, München, Deutschland
TaqMan Universal PCR Master Mix No Amp Erase UNG	Applied Biosystems, Roche, New Jersey, USA
Taq DNA Polymerase, 1000U	Axon, Kaiserslautern, Deutschland
TEMED	Sigma-Aldrich, München, Deutschland
Trizol Reagenz	Peqlab, Erlangen, Deutschland
Tris/HCl	Roth, Karlsruhe, Deutschland
TRIS (hydroxymethyl) Aminomethan	Sigma-Aldrich, München, Deutschland
Triton -X-100	Roth, Karlsruhe, Deutschland
Trypan Blau 0,5%	Biochrome, Berlin, Deutschland
Tween 20	Sigma-Aldrich, München, Deutschland
Valproinsäure	Enzo Life Science, Lörrach, Deutschland
Zitronensäure	Roth, Karlsruhe, Deutschland

3.1.4 Nährmedien und Zusätze

Tabelle 3-4: Nährmedien und Zusätze

Aminosäuren	PAA Lab. GmbH, Pasching, Österreich
DMEM-high glucose, 4.5 g/L	PAA Lab. GmbH, Pasching, Österreich
PBS	PAA Lab. GmbH, Pasching, Österreich
FCS	PAA Lab. GmbH, Pasching, Österreich
L-Glutamine	PAA Lab. GmbH, Pasching, Österreich
HEPES	PAA Lab. GmbH, Pasching, Österreich
Hydrokortison	Pfizer, Berlin, Deutschland
Insulin (100E/ml)	Apotheke, Klinikum rechts der Isar
ITS	PAA Lab. GmbH, Pasching, Österreich
Natriumpyruvat	PAA Lab. GmbH, Pasching, Österreich
Penicillin / Streptomycin	PAA Lab. GmbH, Pasching, Österreich
Rekombinantes humanes EGF	PeproTech, Hamburg, Deutschland
Rekombinantes humanes HGF	PeproTech, Hamburg, Deutschland
Rekombinantes humanes FGF-4	PeproTech, Hamburg, Deutschland
Trypsin / EDTA	PAA Lab. GmbH, Pasching, Österreich
Williams Medium E	PAA Lab. GmbH, Pasching, Österreich

3.1.5 Verwendete Kits

Tabelle 3-5: Verwendete Kits

EpiTect Bisulfite Kit	Qiagen GmbH, Hilden, Deutschland
EpiTect PCR Control DNA Set	Qiagen GmbH, Hilden, Deutschland
First Strand cDNA Synthesis Kit	Fermentas, St. Leon-Rot, Deutschland
PeqGOLD DNA Mini Kit	PeqLab, Erlangen, Deutschland
TeloTAGGG Telomere Length Assay Kit	Roche, Penzberg, Deutschland

3.1.6 Software

Tabelle 3-6: Verwendete Software

EndNote X3.0.1	Japone/ Team LnDL, Thomas Reuters, San Francisco, USA
FloJo	Tree Star, Inc., Ashland, OR, USA
Graph Pad Prism 5.01	GraphPad Software Inc., San Diego, USA
ImageJ 1.42q	National Institute of Health, USA
Intas Image Software	Imaging Instruments GmbH, Göttingen, Deutschland
Microsoft PhotoDraw TM2000	Microsoft Corporation, USA
OMEGA Software für FLUOstar, V1.10	BMG Labtech, Offenburg, Deutschland

3.2 Methoden

3.2.1 Zellisolation, Kultur und Expansion

Das Fettgewebe zur Isolation von den in dieser Arbeit verwendeten Zellen wurde vom Klinikum rechts der Isar zur Verfügung gestellt. Dabei kam es zur Gewebeentnahme bei Operationen des Hüftgelenks oder des Abdomens. Die verwendeten Hepatozyten wurden aus Resektaten isoliert, die vom Klinikum rechts der Isar, Klinikum Neuperlach oder dem Klinikum Großhadern, alle in München ansässig, zur Verfügung gestellt wurden. Die Einverständniserklärungen der Patienten zur Probenentnahme sowie ein durch den Ethikrat der Technischen Universität München genehmigter Ethikantrag liegen vor. Die kryokonservierten hHeps wurden von der "Human Tissue and Cell Research Foundation" (Regensburg, www.htcr.org) zur Verfügung gestellt.

3.2.1.1 Isolation von Ad-MSCs

Zur Isolation von Ad-MSCs wurde Fettgewebe mittels Skalpell in millimetergroße Stücke zerkleinert und diese zur Entfernung der hämatopoetischen Zellen dreimal mit 40 ml PBS gewaschen. Dafür wurde das zerkleinerte Gewebe in 40 ml PBS suspendiert, bei 430 g 10 min ohne Bremse zentrifugiert und die untere wässrige Phase abgesaugt. Nach mehrmaligem Waschen erfolgte der Verdau des Gewebes mit einer sterilen 0,075 % (w/w) Kollagenase Type II Lösung in PBS bei 37 °C für 30 bis 40 min bis eine Emulsion entstand. Zum Abstoppen des Verdaus wurde serumhaltiges DMEM (2 mM L-Glutamin, 100 U/ml Penicillin, 100 µg/ml Streptomyzin, 10 % FCS) verwendet. Nach einer weiteren Zentrifugation bei 600 g für 10 min wurde der Überstand entfernt und das Zellpellet in PBS resuspendiert und durch ein Zellsieb (Porengröße 40 µm) filtriert. Nach Bestimmung der Zellzahl mittels Trypanblau Methode wurden die Zellen auf 175 cm^2 Zellkulturflaschen ausgesät und bei 37 °C und 5% CO_2 inkubiert (1800 Zellen /cm^2). Der erste Mediumwechsel erfolgte 24 h nach Isolation und dann alle drei bis vier Tage. Wenn eine Konfluenz von 80-90 % erreicht war wurden die Zellen passagiert.

3.2.1.1 Passagierung und ausplattieren für Experimente

Die Ad-MSCs wurden regelmäßig unter dem Lichtmikroskop beurteilt und deren Dichte in Prozent der von ihnen bedeckten Fläche abgeschätzt. Bei einer Dichte von mehr als 80 % wurden die Zellen passagiert oder für Experimente auf beschichtete Platten ausgesät. Das Medium wurde dazu abgesaugt, die Zellen einmal mit PBS gewaschen und mit Trypsin/EDTA für 5 Minuten bei 37 °C inkubiert. Nach lichtmikroskopischer Kontrolle der abgelösten Zellen wurde Ad-MSCs-Kulturmedium zugesetzt. Die so gewonnene Zellsuspension ist für 10 min bei 300 g zentrifugiert, die Zellen gezählt und auf die vorbereiteten Flaschen beziehungsweise Platten ausgesät worden. Die Inkubation erfolgte bei 37 °C und 5 % CO_2.

3.2.1.2 Einfrieren und Auftauen

Von undifferenzierten und differenzierten Ad-MSCs sind Kryostocks für den Stickstofftank angelegt worden. Nach der Zentrifugation der Zellsuspension bei 300 g, 4 °C für 10 Minuten wurde das Pellet in Einfriermedium (Kulturmedium (50 %) FCSgold (40 %) DMSO (10 %)) bis zu einer Konzentration von 1×10^6 Zellen/ml resuspendiert. 1,5 ml dieser Suspension wurde in ein vorgekühltes Kryoröhrchen überführt und ÜN bei -20 °C eingefroren. Danach sind die Zellen für 2 Tage bei -80°C eingefroren und anschließend im Stickstofftank eingelagert worden.

Zum Auftauen sind die gefrorenen Zellen schnell mit vorgewärmtem Medium in ein Reaktionsgefäß überführt worden. Nach einer Zentrifugation bei 300 g für 10 Minuten um das DMSO zu entfernen wurde das Zellpellet in neuem Medium aufgenommen und die Zellen ausplattiert. Nach 24 h in denen die Zellen adhärierten wurde das Medium gewechselt und nach weiteren 24h die Experimente gestartet.

3.2.1.3 Isolation von primären Hepatozyten

Zur Isolation der humanen Hepatozyten wurde das Resektat der Leber einer 2-stufigen Kollagenase Perfusion unterzogen (Abbildung 3-1) (118).

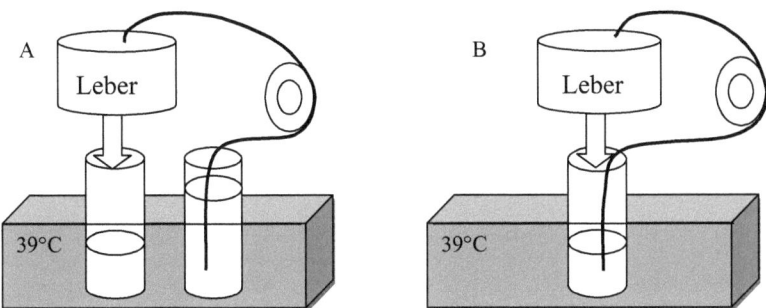

Abbildung 3-1: Perfusionsschritte bei der Hepatozytenisolation.
(A): Perfusion I zur Entfernung des Blutes aus den Gefäßen , (B): Perfusion II zum Verdau der Gewebsstruktur mit Kollagenase

Mit Hilfe der Perfusionslösung I (0,142 mol/l NaCl, 6,7 mmol/l KCl, 10 mmol/l Hepes, 0,24 mol/l EGTA, pH= 7,4) wurde das noch in dem Resektat vorhandene Blut heraus gespült. Anschließend erfolgte die Perfusion mit der Perfusionslösung II (67 mmol/l NaCl, 6,7 mmol/l KCl, 100 mmol/l Hepes, 0,5 % Albumin, 4,8 mM $CaCl_2$ in H_2O, pH 7,6). Diese enthielt Kollagenase wodurch das Gewebe verdaut und so die Hepatozyten freigesetzt wurden. Der Verdau wurde mit einer FCS Lösung (20 % FCS in PBS) gestoppt und die Zellen nach einem Waschschritt in PBS resuspendiert und einem Percoll Gradienten unterzogen. Damit konnten noch vorhandene Erythrozyten und tote Zellen entfernt werden. Die Viabilität der Zellen wurde anschließend mit Trypanblau ermittelt. Bei einer Viabilität über 80 % wurden die Zellen auf Collagen beschichtete Platten ausgesät und mit Williams' Medium E (10 % FCS, 1 mM Insulin, 15 mM HEPES, 0,8 µg/ml Hydrokortison, 100 U/ml Penicillin und 100 µg/ml Streptomycin, 1 % L-Glutamin, 1 % nicht essentielle Aminosäuren, 1 mM Natriumpyruvat) bei 37 °C und 5 % CO_2 kultiviert.

Material und Methoden

3.2.2 Charakterisierung der Ad-MSCs

3.2.2.1 Bestimmung der Telomerlänge

Um die Telomerlänge zu bestimmen wurde von drei verschiedenen Spendern die DNA über die Passagen 1 bis 7 gesammelt und laut Herstellerangaben mit dem DNA Mini Kit extrahiert. Nach Bestimmung der Menge wurden 2 µg DNA mittels TeloTAGGG Telomere Lenght Assay Kit aufgearbeitet. Der Ablauf ist im Folgenden dargestellt:

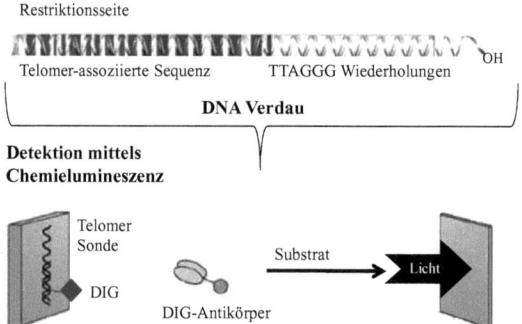

Abbildung 3-2: Schematischer Ablauf zur Bestimmung der Telomerlänge modifiziert vom Telomere Lenght Assay Manual, Roche

Die DNA wurde zuerst mit den Restriktionsenzymen Hinf1 und Rsa1 für 2 Stunden bei 37 °C verdaut um die DNA die keine Telomersequenz enthält zu kleinen Fragmenten abzubauen. Der Verdau ist anschließend mittels Ladepuffer abgestoppt und die Proben auf einem 0,8 %igem Agarosegel der Größe nach aufgetrennt worden. Anschließend erfolgt eine Denaturierung der DNA-Fragmente durch Alkalibehandlung gefolgt durch den Transfer der DNA vom Gel auf eine positiv geladene Nylonmembran ÜN mit Hilfe einer 20x SSC Lösung (3 M NaCl, 0,3 M Natriumcitrat, pH 7,0) (Abbildung 3-3).

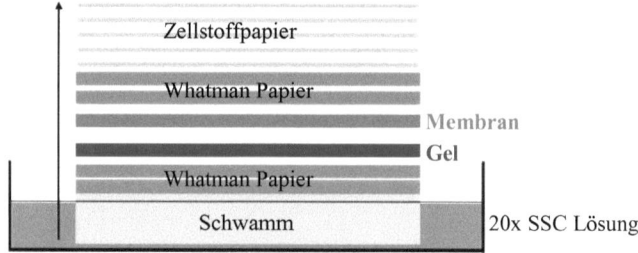

Abbildung 3-3: Aufbau des Transfer mittels Southern Blot

Zum fixieren der DNA wurden die Membrane für 20 Minuten bei 120°C erhitzt mit 2x SSC Puffer gewaschen und anschließend mit einer in Puffer gelösten für Wiederholungen des Telomers spezifische DIG markierten Sonde bei 50 °C für 3h inkubiert. Nach diesem Schritt wurde die Membran mit einem DIG spezifischen Antikörper, an dem kovalent Alkalinephosphatase gekoppelt wurde, inkubiert. Anschließend erfolgte die Zugabe eines sensitiven chemilumineszenten Substrates welches mittels der Phosphatase zu einem detektierbaren Produkt umgewandelt wurde. Das Signal wurde auf einem Röntgenfilm detektiert und mit dem mitgelaufenen Größenmarker verglichen.

3.2.2.2 Bestimmung spezifischer Oberflächenmarker mittels Durchflusszytometrie

Die humanen Ad-MSCs wurden von Passage eins bis drei in 175 cm^2 Kulturflaschen kultiviert. Bei einer Konfluenz von 80 bis 90 % fand eine kurze Trypsinierung, Zentrifugation bei 1200 rpm mit anschließender Resuspension in PBS statt. Für die Durchflusszytometrie wurden die Zellen mit folgenden monoklonaren Antikörpern markiert: Maus anti-human CD14: FITC, Maus anti-human CD45, CD73, HLA-DR: FITC, PE (Biozol, Eching), Maus anti-human CD105: PE (Southern Biotech, Birmingham, USA) und anti-human CD90: APC (BioLegend, San Diego, USA). Die Erfassung der markierten Zellen erfolgt mit Hilfe des FACS Canto II. Wenn nicht abweichend vom Hersteller beschrieben, wurden alle Antikörper in einer Konzentration von 0,5 µg/10^6 Zellen in einem Volumen von 100 µl eingesetzt. Eine Isotypkontrolle wurde bei jedem Experiment eingeschlossen. Die Auswertung der erfassten Daten erfolgte mit dem Programm FlowJo.

3.2.2.3 Größenbestimmung der Zellen

Zur Erfassung der Größe der Ad-MSCs in Passage 3 und der hHeps wurden diese trypsiniert, bei 300g für 5 Minuten zentrifugiert, in Medium resuspendiert und mit dem Video-Bild-System Vi-Cell XR vermessen.

Material und Methoden

3.2.2.4 Erfassung des Methylierungsstatuses der Zell-DNA

Um den Methylierungsstatus der Zellen zu messen, wurde wie von WEISENBERGER ET. AL. beschrieben ein quantitatives Taqman-basiertes „Realtime RT-PCT System" verwendet (180). Die Methylierung der DNA tritt an Stellen auf wo Cytosine, genaugenommen C≡G Dinukleotiden vermehrt vorkommen. Diese Regionen, mit erhöhtem Vorkommen von C≡G (>55%) werden CpG Inseln genannt. Die Methylierung dieser CpG Inseln mittels DNA Methylasen führt zur Inaktivierung bestimmter Gene und spielt eine wichtige Rolle in der Entwicklung von Krebs und der Alterung von Zellen (131). Die DNA wurde als erstes mittels DNA Mini Kit extrahiert, vermessen und jeweils 0,5µg DNA mit Natriumbisulfit behandelt. Dieses wandelte das in der DNA-Sequenz vorhandene nicht methylierte Cytosin in Uracil um (Tabelle 3-7).

Tabelle 3-7: Bisulfit-Konvertierung von DNA

	Original Sequenz	Sequenz nach der Bisulfit Behandlung
nicht methylierte DNA	A-C-G-T-C-G-A-C-G-T	A-U-G-T-U-G-A-U-G-T
methylierte DNA	A-C-G-T-C-G-A-C-G-T	A-C-G-T-C-G-A-C-G-T

Für die Konvertierung sind 1µg DNA mit 85µl des Bisulfite-Mix und 35µl DNA-Protektionspuffers zu einem totalen Volumen von 140 µl zusammen gemischt worden. Die Konvertierung fand mittels Thermo-Cycler statt, wobei folgendes Programm verwendet wurde:

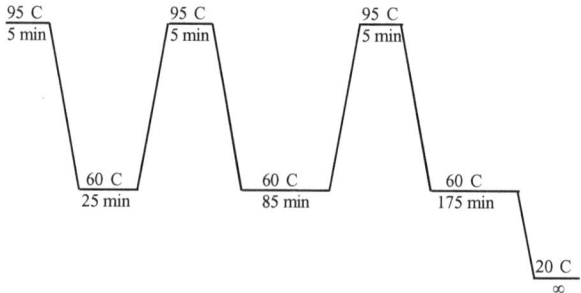

Abbildung 3-4: PCR-Programm der Bisulfitkonvertion von DNA

Nach dem Konvertieren wurde die DNA auf Säulen gegeben, diese gewaschen und die DNA anschließend eluiert. Für die real-time PCR wurden 10 ng konvertierte DNA mit 10µl Taqman-Mix, 0,5 µl von jedem Primer (300 nM) und PCR Wasser bis 20µl Reaktionsvolumen versetzt. Die anschließende PCR erfolgte nach folgendem Programm:

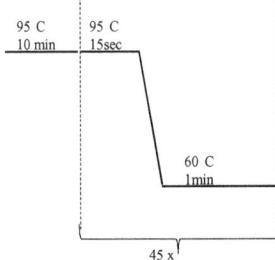

Abbildung 3-5: qPCR Programm

Die verwendeten Primer sind in Tabelle 3-8 aufgeführt. Die Messungen erfolgten in Dreifachbestimmung und als Kontrolle diente die EpiTect PCR Kontroll-DNA. Alle Primer sind zuvor für den ABI Prism 7700 Sequenzdetektor optimiert worden. Die Quantifizierung erfolgte durch die Normierung zum ALU1 Gen in der logarithmisch-linearen Phase der Amplifikationskurve unter Verwendung der $\Delta\Delta$CT Methode.

Tabelle 3-8: Verwendete Primersequenzen zur Erfassung des Methylierungsstatus

Gen	Vorwärtsprimer 5'→3'	Rückwärtsprimer 5'→3'	Annealing Temp. °C	Größe [bp]
ALU1	GGT TAG GTA TAG TGG TTT ATA TTT GTA ATT TTA GTA	ATT AAC TAA ACT AAT CTT AAA CTC CTA ACC TCA	60	98
Probe	VIC-CCT ACC TTA ACC TCC C-MGB			
LINE1	GGA CGT ATT TGG AAA ATC GGG	AAT CTC GCG ATA CGC CGT T	60	80
Probe	FAM-TCG AAT ATT GCG TTT TCG GAT CGG TTT-BHQ1			

3.2.3 Differenzierung von Ad-MSCs zu Hepatozyten-ähnlichen Zellen

Die isolierten Ad-MSCs wurden ab Passage 3 auf Kollagen beschichteten Platten bei einer Dichte von 15.000 Zellen/cm^2 ausplattiert und in DMEM-Medium (2 mM L-Glutamin, 100 U/ml Penicillin, 100 µg/ml Streptomycin) mit 1 % FCS bei 37 °C, 5 % CO_2 kultiviert. Für die Differenzierung sind durch Synopse literarisch vorhandener Protokolle und eigener Vorversuche die Substanzen 5-Azacytidin (Stock: 200 µM in H_2O, Endkonzentration: 20 µM in Medium), BIX-01294 (Stock: 1 mM in PBS, Endkonzentration: 0,1 µM in Medium), FGF-4 (3 ng/ml in DMEM (1% FCS)), Dexamethason (65 nM in H_2O), Nicotinamid (5 mM in DMEM), ITS (1 %), HGF (20 ng/ml in DMEM (1% FCS)) und EGF (20 nM in DMEM (1% FCS)) verwendet worden (7,9,15,32,158). Um ein wirkungsvollste Differenzierungsprotokoll zu etablieren wurde ein Screening von unterschiedlichen Kombinationen der Medienzusätze getestet. Nach der Ausdifferenzierung von 18 Tagen erfolgten verschiedene Analysen um den hepatozyten-ähnlichen Charakter der Zellen zu erfassen.

3.2.4 Färbung des Zytoskelettes der Zellen

Morphologische Änderungen der Zellen sind mikroskopisch erfasst worden. Ad-MSCs, Hepatozyten-ähnliche Zellen und hHeps wurden dafür mit Phalloidin- und Hoechst 33258 Lösung gefärbt. Alle Zellen wurden dafür einmal mit PBS gewaschen, mit 3,7 % Formaldehyd fixiert und nach weiterem waschen zur Permeabilisierung mit 0,2 % Triton x-100 in PBS 5 min bei RT inkubiert. Nach Zugabe der Phalloidin- (1 µg/ml in PBS) und Hoechst 33258 Lösung (0,5 µg/ml in PBS) erfolgt eine 40 minütige Inkubation bei 37 °C im Dunklen. Nach zweimaligem waschen mit PBS sind Bilder mit dem Epifluoreszenzmikroskop bei 550 nm Anregungswellenlänge und 580 nm Emissionswellenlänge aufgenommen worden. Für die Detektion der gefärbten Kerne in den Zellen wurden Bilder unter UV aufgenommen. Anschließend erfolgte die Überlagerung der einzelnen Bildausschnitte.

3.2.5 Harnstoff Messung

Zur Bestimmung der Harnstoffproduktion wurden die Zellen mit PBS gewaschen und für 24 h mit Reaktionspuffer (PBS + 1 mM $MgCl_2$ + 1 mM Na-pyruvat) inkubiert. Für die Stimulation sind ein weiterer Teil der Zellen mit 0,3 M NH_4Cl in Reaktionspuffer und ein anderer Teil mit 0,3 M NH_4Cl und 0,1 M Ornithine in Reaktionspuffer inkubiert worden. Nach Ablauf der Inkubationszeit wurden 80 µl Überstand abgenommen und mit 60 µl O-phthaldehyde-Lösung (1,5 mM O-Phthalaldehyde, 4 mM Brij-35, 0,75 M H_2SO_4) und 60 µl NED-Reagenz (2,3 mM N-(1-naphthyl)ethylenediamine-dihydrochloride, 0,08 M Borsäure, 4 mM Brij-35, 2,25 M H_2SO_4) für 2 h bei 37 °C inkubiert. In dieser Zeit reagierte der zu detektierende Harnstoff mit O-Phthalaldehyde zu 1,3-Dihydroxyisoindolin, welches mit dem NED-Reagenz durch eine Substitutionsreaktion zu einem aromatischen intensiv gefärbten Produkt führte. Die Absorptionsmessung erfolgte bei 465 nm und wurde mit der aufgenommen Standardreihe verglichen (Abbildung 3-6) (72).

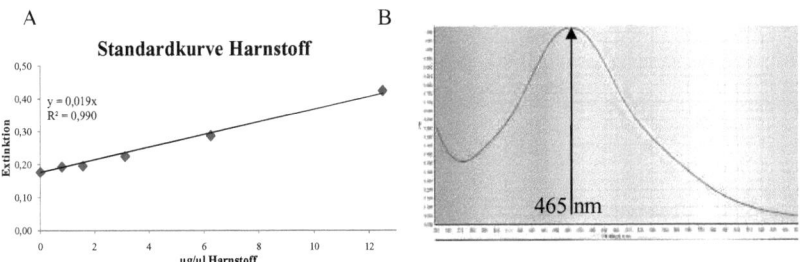

Abbildung 3-6: Untersuchter Harnstoffmetabolismus.
(A) Aufgenommene Standardkurve, (B) Spektraluntersuchung. Bei der Wellenlänge von 465 nm trat die maximale Absorption auf.

Die umgesetzte Harnstoffmenge wurde mit dem Gesamtprotein, das mittels Sulforhodamine B Färbung bestimmt wurde, verrechnet.

Material und Methoden

3.2.6 Glukose Messung

Um die Glukoseproduktion der Zellen zu bestimmen wurden diese 2-mal mit PBS gewaschen und anschließend mit Reaktionspuffer (1 mM $MgCl_2$ und 1 mM Na-pyruvat in PBS)r 24 h bei 37 °C inkubiert. Ob die Zellen zusätzlich Gluconeogenese durchführen wurde mittels Belegung von einem Teil der Zellen mit 10 mM L-Lactat im Reaktionspuffer getestet. Nach 24 h erfolgte die Abnahme von 100 µl des Überstandes, der mit 150 µl GLOX Lösung (250 mM TRIS, 0,2 mM EDTA, 0,04 % Glukoseoxidase, 0,007 % Peroxidase, 0,01 % O-dianisidine, pH = 8.0) für 2 h bei 37 °C inkubiert wurde (96). Vorhandene Glukose wurde wie folgt umgesetzt und detektierbar:

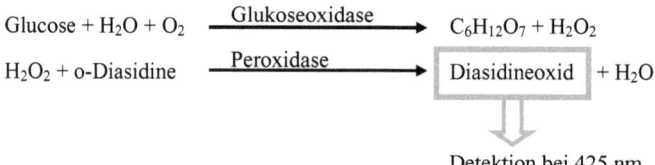

Abbildung 3-7: Glukose Detektion mittels o-Diasidine

Die Absorptionsmessung erfolgte bei 425 nm und wurde mit der aufgenommen Standardreihe verglichen (Abbildung 3-8).

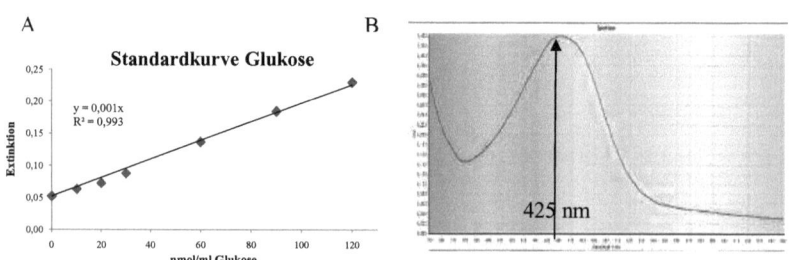

Abbildung 3-8: Untersuchter Glukosemetabolismus.
(A) Aufgenommene Standardkurve, (B) Spektraluntersuchung der Diasidineoxid -Lösung. Bei der Wellenlänge von 425 nm trat die maximale Absorption auf.

Die umgesetzte Glukosemenge wurde mit dem Gesamtprotein, das mittels Sulforhodamine B Färbung erfasst wurde, verrechnet.

3.2.7 Perjodsäure-Schiff Reaktion

Diese Färbung erfasst das in der Zelle gespeicherte Glykogen. Die Zellen wurden dafür mit Formaldehyd (3,7 % in H_2O) fixiert und mit Perjodsäure (0,1 % in H_2O) für 5 Minuten bei 37 °C inkubiert. Dabei wurden die Glykolgruppen der Moleküle zu Aldehydgruppen oxidiert. Nach dem Waschen der Zellen mit PBS erfolgt die Zugabe von Schiffs Reagenz für 15 Minuten bei RT. Diese fuchsinschweflige Säure bindet an die Aldehydgruppen und es kommt zu einem molekularen Umbau welcher in einer magenta-roten Färbung endet. Die Zellen wurden anschließend mit Hilfe eines Lichtmikroskops fotografiert.

3.2.8 Glucose-6-phosphatase-Färbung

Glukose-6-phosphatase, welche ein wichtiges Enzym der Gluconeogenese ist, katalysiert die Abspaltung von Phosphat von dem in der Zelle vorhandenem Glucose-6-phosphat. Dabei entsteht ein anorganisches Phosphat, welches an Blei gebunden in der Zelle als Bleisulfat ausgefällt werden kann. Die Intensität der Färbung lässt Rückschlüsse auf die Aktivität der Glucose-6-phophatase zu. Für die Färbung wurden die Zellen mit Formaldehyd (3,7 % in H_2O) fixiert und mit einer G6Pase Färbelösung (800 µl, 100 mM TRIS Puffer pH = 6,5 + 100 µl 0,6 %ige Glucose-6-Phosphate Lösung + 100 µl 0,8 % ige Bleinitratlösung) für 45 Minuten bei 37 °C inkubiert. Zur Fällung des somit entstandenen Bleiphosphats erfolgte für 1 Minute die Zugabe einer Ammoniumsulfidlösung (1 % in H_2O). Die Zellen wurden anschließend mit Hilfe eines Lichtmikroskops fotografiert.

3.2.9 Öl rot-Färbung

Mit der Öl rot-Färbung lassen sich neutraler Lipide, die die Zelle eingelagert hat anfärben. Um die Einlagerung von Lipiden zu steigern wurde die Hälfte der Zellen mit Insulin (1 % in Medium) für 24 h bei 37 °C, 5 % CO_2 inkubiert. Insulin erhöht die Permeabilität der Zellmembranen, was zu einer erhöhten Aufnahme von Glukose führt. Dieses wird in der Zelle in Triglyceride umgewandelt. Die Zellen wurden für den Nachweis mit Formaldehyd (3,7 % in H_2O) fixiert und mit einer 0,2 %igen Öl rot

Lösung für 15 min bei RT auf einem Schwenkinkubator inkubiert. Bei dem Farbstoff handelt es sich um einen fettlöslichen Diazofarbstoff der die eingelagerten neutralen Triglyceride und Lipide der Zelle in einem satten Rotton erscheinen lässt (132). Nach intensivem Waschen der Zellen erfolgte die Aufnahme von Bildern mit Hilfe eines Lichtmikroskops.

3.2.10 Sulforhodamin-B Färbung (SRB)

Die zu färbenden Zellen wurden für 10 Minuten mit Methanol fixiert und anschließend mit der SRB Lösung (0,4 % SRB in 1 % Essigsäure) für 30 min bei RT auf einem Schwenkinkubator inkubiert. Das SRB bindet dabei an die protonierten Aminosäuren der Zelloberflächen. Die Lösung wurde wieder entfernt und die Zellen 4-mal mit einer 1 %igen Essigsäurelösung gewaschen. Das gebundene SRB wurde danach mittels pH-Wert Anhebung aus den Zellen gelöst. Dazu wurden pro Well einer 96-Lochplatte 100 µl Trispuffer (10 mM, pH 10,5) zugegeben und die Menge des nun wieder gelösten SRB im Trispuffer photometrisch bestimmt (176). Dazu wurde die Absorption bei 565 nm und 690 nm (Hintergrund) gemessen und voneinander subtrahiert.

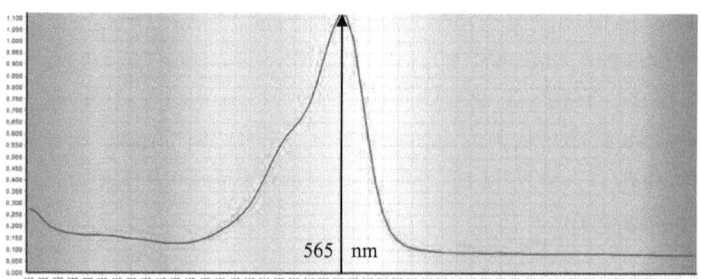

Abbildung 3-9: Spektraluntersuchung der Sulforhodamin-B-Lösung.
Die Sulforhodamin-B-Lösung wies bei der Wellenlänge 565 nm die maximale Absorption auf.

3.2.11 Enzymatische Aktivität der Zytochrome P450

Die verschiedenen Phase I und II Enzyme wurden mit Hilfe einer modifizierten fluoreszenz- basierter Methode untersucht (37). Dabei wurde den zu untersuchenden Enzymen ein Substrat zugeordnet (Tabelle 3-9), welches durch die Inkubation mit den Zellen in ein Stoffwechselprodukt umgesetzt wurde.

Tabelle 3-9: Untersuchte Phase I/II Enzyme und die verwendete Substrate.

Phase I Enzymaktivität			Phase II Enzymaktivität			
Reaktion	Substrat	Substrat konz.	Metabolite (Phase I) Substrate (Phase II)	Substrat konz.	Anregung/ Emission	
CYP1A1/2	7-ethoxy-kumarin	25 µM	7-hydroxykumarin	50 µM	355 nm / 460 nm	
CYP2A6	Kumarin	50 µM				
CYP2D6	AMMC	10 µM	AHMC	5 µM		
			CHC	12,5 µM		
			Monochlorobimane	50 µM		
			4-methylumbelliferon	12,5 µM		
CYP2B6	EFC	30 µM	HFC	25 µM	355 nm / 520 nm	
CYP2E1	MFC	5 µM				
CYP3A4	BFC	5 µM				
CYP2C8/9	Dibenzyl-fluoreszein	12,5 µM	Fluoreszein	0,25 µM	485 nm / 520 nm	
CYP1/2A1	7-ethoxy-resorufin	7,5 µM	Resorufin	1 µM	544 nm / 590 nm	

Die Stocklösungen der Substrate wurden mit einem Puffer (1 mM Na_2HPO_4, 137 mM NaCl, 5 mM KCl, 0,5 mM $MgCl_2$, 2 mM $CaCl_2$, 10 mM D-(+)-Glucose, 10 mM HEPES, in 1l ddH_2O, pH 7,4) bis zur vorgegebenen Endkonzentration gemischt und die Substrate der Phase I mit der Zugabe von 15 µl/ml Puffer Salicylamide (100 µM in DMSO), 10 µl/ml Puffer Probenecid (200 mM in DMSO) und 1 µl/ml Puffer Dicumarol (10 mM in DMSO) am spontanen Zerfall gehindert. Um eine Kontrolle herzustellen wurden für jedes zu untersuchende Enzym 2 Wells mit Fixationspuffer (0,5 % Triton in Methanol) für 15 Minuten bei 37°C fixiert. Alle Wells wurden anschließend mit der jeweiligen Substratlösung belegt und über 120 Minuten fluorimetrisch vermessen.

Die gemessenen Werte wurden mit der aufgenommenen Standardkurven quantifiziert (Abbildung 3-10).

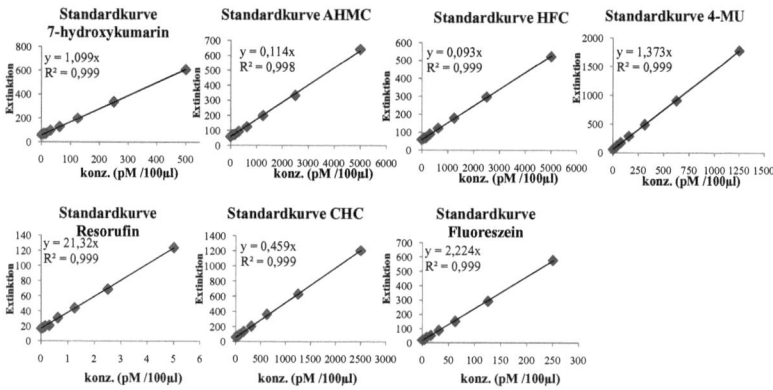

Abbildung 3-10: Standardkurven der untersuchten enzymatischen Produkte

Die umgesetzte Substratmenge wurde mit dem Gesamtprotein, das mittels Sulforhodamin B Färbung erfasst wurde, verrechnet.

Für die Induktionsstudien von CYP1A1 und CYP3A4 wurden Ad-MSCs mit dem erarbeiteten Protokoll in Kombination mit DMSO und Hydrokortison für die letzten 3 Tage ausdifferenziert. Hepatozyten-ähnliche Zellen, Ad-MSCs und hHeps wurden nach zweimaligem Waschen mit 25 µM 3-Methylcholantren oder Rifampicin in Medium für 72 h bei 37 °C wie zuvor beschrieben belegt (40). Als Kontrolle diente das Lösungsmittel DMSO. Nach der Inkubation erfolgte die Durchführung der oben beschriebenen fluoreszenz-basierten Methode.

3.2.12 RT-PCR

Die RNA wurde von undifferenzierten wie differenzierten Zellen sowie den als Kontrolle dienenden hHeps mit dem Trizol Reagenz (Peqlab, Erlangen, Deutschland) laut Herstellerangaben isoliert. Menge und Reinheit der RNA wurde mittels Photometrie bei 260 nm beziehungsweise 280 nm ermittelt. Die Integrität der RNA ist mit Gelelektrophorese überprüft worden. Anschließend erfolgte die Transkription der RNA zu cDNA mit Hilfe einer AMV Reverse Transkriptase und oligo-p(dT)$_{15}$ Primer. Von der zu untersuchenden cDNA Probe wurden 30-120 ng per Reaktion in ein Eppendorfgefäß überführt. Als Negativkontrolle diente DEPC-H_2O (0,1 %), von dem die gleiche Menge ebenfalls in ein Eppendorfgefäß pipettiert wurde. Als Positivkontrolle wurde cDNA von hHeps eingesetzt. Die Zusammensetzung des Mastermixes war wie folgt:

- Vorwärts- & Rückwärtssprimer je   1 µl
- Reaktionspuffer (Mg^{2+}-frei)   2 µl
- $MgCl_2$+   2 µl
- dNTPs-Mix   0,5 µl
- Taq-Polymerase   0,1 µl
- DECP-H_2O (20-(6,6+Template)) µl

Die Eppendorfgefäße wurden verschlossen und in den Thermocycler gestellt und das jeweilige optimierte Programm gestartet. Die verwendeten Sequenzen der benutzten Primer, deren Größe und Annealingtemperatur sind in Tabelle 3.10 aufgelistet. Alle generierten PCR Produkte wurden mit Hilfe der Gelelektrophorese aufgetrennt und mit Ethidiumbromid sichtbar gemacht. Zur Quantifizierung wurde das Programm ImageJ benutzt.

Tabelle 3-10: Verwendete Primer Sequenzen bei der RT-PCR

Gen	Vorwärtsprimer 5'→3'	Rückwärtsprimer 5'→3'	Annealing [°C]	[bp]
CD 13	CAT CCA CAG CAA GAA GCT CA	GTA CTC GCT GCG GTA GAA GC	56	230
CD 14	AGC ATT GCC CAA GCA CAC T	CTT GGC TGG CAG TCC TTT AG	58	368
CD 29	ATT GTG GGT GGT GCA CAA AT	CCA CCT TCT GGA GAA TCC AA	58	641
CD 34	AGA AAG GCT GGG CGA AGA CCC	AGA AAG GCT GGG CGA AGA CCC	54	311
CD 44	ACC ATG GAC AAG TTT TGG TG	GAA AGC CTT GCA GAG GTC AG	57	170
CD 45	TCT TCA GTG GTC CCA TTG TG	TTC CAA TGT GCT GTG TCC TC	58	359
CD 90	GTC TCC CGA GGG CAG AAG	CAC ACT TGA CCA GTT TGT CTC T	58	399
CD 105	CCC AGA AGG CTG GAG CAG	GTG CCA TTT TGC TTG GAT G	58	416
CD 147	CCG AGA TCC AGT GGT GGT	GGC ACG GAC CCA CTT GAC	54	236
CD 166	CTT GCA CAG CAG AAA ACC AA	CAA TCC ACG TTC ATG CTT CA	58	396
CYP7A1	ATC CGG ACA GCT AAG GAG GA	AGC ATC AGA ATC AAA AAT TGC T	60	398
CYP1A1	TTC GTC CCC TTC ACC ATC	CTG AAT TCC ACC CGT TGC	55	302
CYP1A2	TCG ACC CTT ACA ATC AGG TGG	GCA GGT AGC GAA GGA TGG G	60	254
CYP2D6	CTT TCG CCC CAA CGG TCT C	TTT TGG AAG CGT AGG ACC TTG	59	222
CYP2B6	ATG GGG CAC TGA AAA AGA CTG A	AGA GGC GGG GAC ACT GAA TGA C	62	283
CYP2E1	GAC TGT GGC CGA CCT GTT	ACA CGA CTG TGC CCT GGG	59	297
CYP3A4	ATT CAG CAA CAA GAA CAA GGA CA	TGG TGT TCT CAG GCA CAG AT	56	420
CYP3A7	AAT AAG GCA CCA CCC ACC TA	AGA GCA AAC CTC ATG CCA AT	58	329
Albumin	TTT ATG CCC CGG AAC TCC TTT	TGT TTG GCA GAC GAA GCC TT	60	142
α-fetoprotein	AAG GAT CTG TGC CAA GCT CA	CCA AAG CAG CAC CAG TTT T	58	219
Hnf 4α	GAA TGC GAC TCT CCA AAA CC	CTC GAG GCA CCG TAG TGT TT	56	325
HNF3-γ	TGG ATC ATG GAC CTC TTC CC	TTC TCC TCC AGC TTG AAG CG	56	218
Hnf 1α	AAA GAG CTG GAG AAC CTC AG	CCT GTG GGC TCT TCA ATC AG	61	314
CX32	ACA GGG AGG TGT GAA TGA GG	CCT CAA GCC GTA GCA TTT TC	54	353
CK18	CCA GTC TGT GGA GAA CGA CA	TCC TCA ATC TGC TGA GAC CA	54	306
DPPIV	CAA CTA CGT GAA GCA ATG GAG	ATT CAC AGC TCC TGC CTT TG	58	435
MDR2	GGA ATT GGT GAC AAG GTT GG	ATA CCA GAA GGC CAG TGC AT	58	395
GAPDH	GTC AGT GGT GGA CCT GAC CT	AGG GGT CTA CAT GGC AAC TG	56	420

3.2.13 Proteingewinnung und Western Blot Analyse

Die Proteine wurden mittels Lysepuffer (10 mM Tris-Base, 100 mM NaCl, 0,5 % Nonident P-40, 0,5 % Doxycholicsäure, 10 mM EDTA in H_2O, pH 7,6 + Complete Stocklösung (40 µl/ml)) aus den Zellen gewonnen, bei 10.000 g für eine Minute zentrifugiert und anschließend nach der Lowry Methode vermessen (91). Dieser Nachweis beruht auf der Biuretreaktion. Dabei bilden vorhandene Peptidbindungen mit Cu(160)-Ionen in alkalischer Lösung einen blau violetten Komplex. Anschließend wird das Cu zu Cu(I) reduziert. Dieses wiederum reduziert das gelbe Folin Ciocalteu Reagenz zu dem intensiv blauen Molybdanblau, was bei 750 nm vermessen wird. Für anschließend durchgeführten Western Blot wurden bis zu 50 µg Protein pro Probe eingesetzt und mit Ladepuffer (300 mM TRIS (pH = 6.8), 50 % Glycerol, 5 mM EDTA, 10 % SDS, 0,05 % Brom Phenol Blue, 12,5 % β-mercaptoethanol) versetzt, für 10 Minuten bei 99 °C erhitzt und anschließend mittels Gelelektrophorese auf einem 10 %igem Acrylamidgel bei 200 V für 45 Minuten aufgetrennt.

Tabelle 3-11: Zusammensetzung des Trenn- und Sammelgels

Trenngel		Sammelgel	
Acrylamide Lösung 40 % (37,5:1)	3,2 ml	Acrylamide Lösung 40 % (37,5:1)	0,2 ml
1,5 M TRIS (pH = 8,8)	3,2 ml	0,5 M TRIS (pH = 6,8)	0,8 ml
Destilliertes H_2O	6,1 ml	Destilliertes H_2O	2,0 ml
10 % SDS Lösung	127,5 µl	10 % SDS Lösung	30,0 µl
TEMED	12,8 µl	TEMED	3,0 µl
10 % APS Lösung	127,5 µl	10 % APS Lösung	30,0 µl

Danach erfolgte der Transfer („semi dry", Abbildung 3-11) mit Hilfe eines Transferpuffers (0,05 M TRIS (hydroxymethyl) aminomethan, 0,04 M Glycin, 0,0375 % SDS, 20 % Methanol) auf eine Nitrozellulosemembran bei 0,25 Ampere für 45 Minuten.

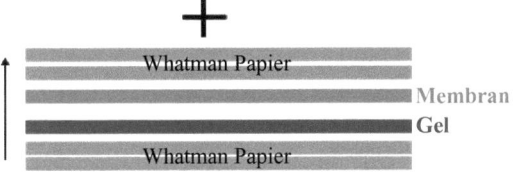

Abbildung 3-11: Aufbau Proteintransfer auf eine Nitrocellulosemembran

Material und Methoden

Ob der Transfer erfolgreich war, wurde mittels Ponceau Färbung (0,2 % in 1 %iger Essigsäure) überprüft. Dieser rote Azofarbstoff bindet reversibel an die positiv geladenen Aminogruppen der Proteine auf der Membran. Nach Auswaschen der Färbung mit H_2O erfolgte das Blocken der Membran für eine Stunde bei RT mit einer Milchpulverlösung (5 % in TBS-T Puffer (10 mM TRIS, 0,15 M NaCl, 0,1 % Tween-20, in ddH2O, pH 7,6)). Die Inkubation mit dem Erstantikörper verdünnt in 1% Milchpulverlösung erfolgte ÜN bei 4 °C. Nach dem Waschen der Membran mit TBS-T Puffer wurde der Zweitantikörper bei RT für 2 Stunden auf die Membran gegeben. Die verwendeten Antikörper sind in den folgenden Tabellen aufgeführt:

Tabelle 3-12: Verwendete Erstantikörper

Antikörper	Isotyp	Verdünnung	Größe [kD]	Firma
CYP2C8/9/18	Kaninchen IgG1	1:1000	56	Millipore, Billerica, USA
CYP2A6	Kaninchen IgG1	1:1000	57	Thermo Scientific, Langenselbold, Deutschland
CYP2E1	Kaninchen IgG$_1$	1:1000	57	Merck, Darmstadt, Deutschland
CYP1A1/2	Kaninchen IgG1	1:1000	58	Millipore, Billerica, USA
CYP2B6	Kaninchen IgG1	1:1000	57	Millipore, Billerica, USA
CYP3A4	Maus IgG1	1:1000	50	Santa Cruz, California, U.S.A
GAPDH	Kaninchen IgG1	1:5000	37	Santa Cruz, California, U.S.A

Tabelle 3-13: Verwendete Zweitantikörper

Antikörper	Verdünnung	Firma
Ziege anti-Maus IgG1:HRP	1:10000	Santa Cruz, California, U.S.A,
Ziege anti-Hase IgG1:HRP	1:10000	Santa Cruz, California, U.S.A

Die Entwicklung der Membran erfolgte mittels Chemilumineszenzreaktion. Dafür wurde eine Reaktionslösung (0,25 mM Luminol, 0,3mM p-Coumarsäure in 100 mM TRIS-Puffer, pH 8,5) mit einer H_2O_2 Lösung (0,024 % in100 mM TRIS-Puffer, pH 8,0) vermischt. Bei Zugabe dieser Lösung auf die Membran wurde das Luminol durch die am Zweitantikörper gekoppelte Meerrettichperoxidase oxidiert, wobei das dabei gebildete Licht mit einem Röntgenfilm aufgenommen wurde (Abbildung 3-12).

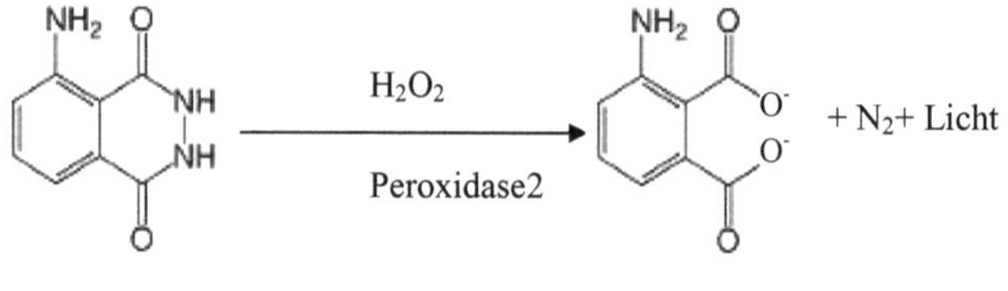

Abbildung 3-12: Enzymatische Oxidation von Luminol

3.2.14 Alamar Blue Messung

Ad-MSCs, Hepatozyten-ähnliche Zellen und hHeps ausgesät in 96 well Platten wurden zweimal mit PBS gewaschen und anschließend in Medien mit verschiedenen Konzentrationen von $HgCl_2$ (0-12,5 mM in DMSO), Diclofenac (0-1000 µM in DMSO), Amiodaron (0-500 µM in DMSO), Koffein (0-35 mM in Medium), Verapamil (0-1000 µM in DMSO) und DMSO (0-20 %) für 24 h stimuliert. Der Versuchsaufbau stellte sich wie folgt dar:

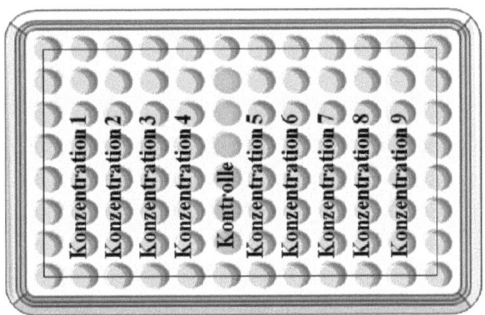

Abbildung 3-13: Versuchsaufbau der Toxizitätstests

Die Wells am Rand der Platte wurden mit Medium belegt und je 100µl der verschiedenen Konzentrationen absteigend auf die Platte pipettiert. Als Kontrolle diente Medium mit 1% DMSO welche in der Mitte platziert wurde. Nach der Stimulation erfolgte die Zugabe von 1/10 des Volumens Alamar Blue Reagenz. Die Fluoreszenz wurde nach 2 Stunden bei 544 nm und 590 nm gemessen. Das Alamar Blue Assay nutzte dabei die wässrige Resazurinlösung, welche durch die Zellen metabolisch allmählich zum Resorufin reduziert wurde und fluoreszierte.

3.2.15 HPLC Analyse von Testosteron

Ad-MSCs wurden nach der Differenzierung mit dem erarbeiteten Protokoll in Kombination mit DMSO und Hydrokortison für die letzten 3 Tage mit 200 µM Testosteron für 24 h bei 37 °C inkubiert. Als Kontrollen dienten der Überstand unstimulierter Zellen als auch der Überstand von Zellen mit DMSO Inkubation. Für die positive Kontrolle wurden hHeps für 24 h bei 37 °C mit Testosteron stimuliert. Alle Überstände wurden abgenommen und bis zur Analyse bei –80 °C eingefroren. Zur Aufbereitung wurde von jeder Probe 1 ml mit 2 ml Ethylacetat versetzt und für 5 Minuten gevortext. Die obere organische Phase wurde mit der Pipette vorsichtig abgenommen und in ein neues Gefäß überführt. Die wässrige Phase wurde noch ein Mal mit 2 ml Ethylacetat versetzt, extrahiert, und die organische Phase abgenommen und mit der Ersten vereinigt. Anschließend wurde das Lösungsmittel evaporiert und die Rückstände in 200 µL H_2O:MeOH (750:250) resuspendiert. In einem Eppendorfgefäß wurden 500 µl wässrige Probe mit 500 µl Natriumacetatpuffer (pH 5,5) und 10 µl Glucuronidase/ Arylsulfatase versetzt und für 16 Stunden bei 37°C inkubiert. Es folgte eine doppelte Extraktion mit Ethylacetat, die Evaporation des Lösungsmittels und die Resuspension in 100 µL H_2O:MeOH (750:250). Die Detektion erfolgte mittels HPLC (Säule Purospher RP-18 5 µm, Elutionsmittel A: H_2O/ MeOH/ HCOOH (750/250/1 v/v/v), B: MeOH/ H_2O/ ACN/ HCOOH (635/350/15/1 v/v/v/v), Fluss 0,7 ml/ min, Detektor UV bei 240 nm).

Folgende Standards wurden zur Identifizierung in H_2O:MeOH (750:250) angesetzt und analysiert: 2α-, 6α-, 16α-, 2β-, 6β-,16β- Hydroxytestosteron, 4-Androsten-3,17-dion, Testosteron.

3.2.16 Transport der Zellen

Für den Transport wurden die Zellen in 175er Plastikflaschen angezogen. Ein Teil der Zellen wurde ausdifferenziert und der andere undifferenziert zum Institut für Experimentelle Chirurgie mit Zentraler Versuchstierhaltung der Universität Rostock gesandt. Für den Versand wurden die Flaschen mit jeweils 50 ml Medium gefüllt und der Flaschenhals mit Parafilm verschlossen. Nach aufschrauben des Flaschendeckels wurde auch dieser mit Parafilm umwickelt. Alle Flaschen wurden anschließend in Tüten eingeschweißt und mit Wärmepads in Styroporkisten gepackt und versendet.

3.2.17 Zelltransplantationen in die Mausmodelle

Die Mäuse erhielten 24 h vor der Transplantation der Zellen eine intraperitoneale Injektion von CCl_4 (C57B6J: 1,6 mg/kg, Scid/beige: 1 mg/kg CCl_4). Ad-MSCs, Hepatozyten-ähnliche Zellen sowie humane Hepatozyten wurden anschließend wie bei SCHORMANN, ET AL. (2008) beschrieben, mit dem Farbstoff DiI angefärbt und in einer 0,9 % igen NaCl-Lösung in die Milz injiziert (142). Für jede Transplantation sind $0,5 \times 10^6$ Hepatozyten, Ad-MSCs oder Hepatozyten-ähnlichen Zellen eingesetzt worden. Nach 4, 10 und 21 Tagen wurden die Tiere getötet. Die sezierten Lebern wurden in Roti®-Histofix bei 4 °C gelagert und dem IfADo - Leibniz Forschungszentrum in Dortmund übersandt.

3.2.18 Färbungen der Leberschnitte

Vor dem Färben wurden mittels Mikrotom 75 µm dicke Schnitte angefertigt. Dafür wurde das Leberstück mit Gewebekleber in der Halterung des Vibrating blade Microtome fixiert und die Halterung mit PBS gefüllt. Die gewonnen Schnitte wurden in eine Aufbewahrungslösung (30 % Glukose in 1x PBS + 10% Roti®-Histofix) überführt und bei 4 °C aufbewahrt. Für die Färbung der Leberarchitektur wurden die Schnitte 3-mal für 10 Minuten bei RT mit PBS gewaschen und 9-mal mit erwärmter Zitronensäurelösung (0,01 M, pH 6,0) jeweils für 2 Minuten inkubiert. Anschließend wurden die Schnitte für 20 Minuten bei RT inkubiert, 3x für 10 Minuten mit PBS gewaschen und für 2 h bei RT in einer Albuminlösung (3 % Albumin, 1 % Tween 20 in

PBS) inkubiert. Nach Zugabe des ersten Antikörpers DPPIV/CD26 (R&D Systems, Minneapolis, MN, USA, 1:100 in 3 % Albuminlösung) bei 4 °C ÜN erfolgte nach dem Waschen die Zugabe des Zweitantikörpers (anti Cy3-Konjugiertes Fab2-Fragment Esel anti-Ziege IgG, Dianova, Hamburg, Deutschland, 1:100 in Albuminlösung)bei 4 °C ÜN. Anschließend wurden die Schnitte mit PBS gewaschen und eine Gegenfärbung mit DAPI durchgeführt. Dafür wurden die Schnitte für 90 Minuten bei RT mit der DAPI-Lösung (0,1 % in destilliertem H_2O)inkubiert, mit PBS und H_2O gewaschen, mit einem Trägermedium (6 g Glycerol, 2,4 g Polyvinylalkohol, in 6ml H_2O und 12 ml 0,2 M Tris/HCl) auf einen Objektträger gebracht, mit einem Deckgläschen bedeckt und im Dunkeln getrocknet. Die Bilder wurden mit Hilfe eines Laserscanmikroskop aufgenommen.

3.2.19 Statistik

Alle Ergebnisse wurden als Mittelwert ± SEM angegeben. Für die statistische Analyse wurde GraphPad Prism verwendet. Bei 2 Testbedingungen wurde ein t-Test für unverbundene Stichproben durchgeführt. Lagen drei oder mehr Testbedingungen vor erfolgte die statistische Auswertung mittels einfaktorieller Varianzanalyse (ANOVA) gefolgt von Bonferronis multiplem Vergleichstest. Als statistisch ausreichendes Signifikanzniveau wurde $p<0,05$ festgelegt.

4. Ergebnisse

4.1 Charakterisierung der Ad-MSCs

4.1.1 Ad-MSCs expremieren spezifische CD-Marker

Die isolierten Ad-MSCs zeigten typische Eigenschaften von MSCs, wie Adhärenz an Plastik und eine charakteristische Spindelform. Die Untersuchungen spezifischer Oberflächenmoleküle (CD-Marker) in den Passagen 1 bis 3 ergab folgendes Bild:

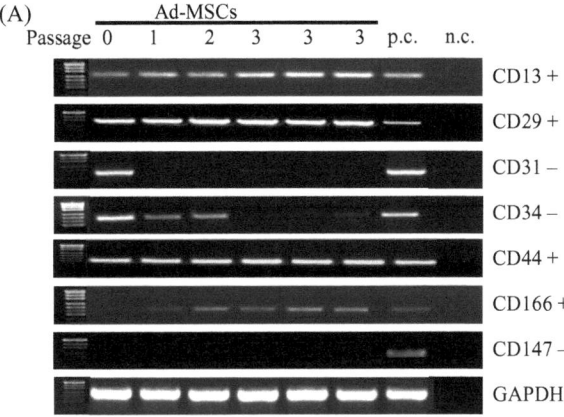

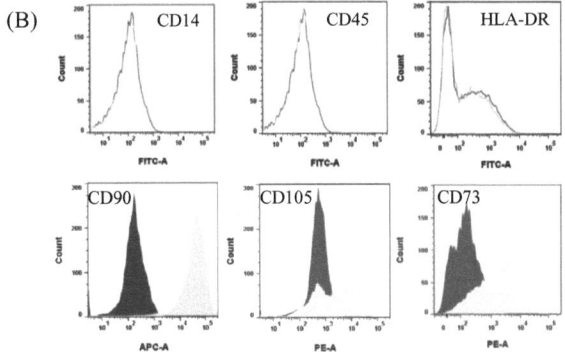

Abbildung 4-1: Untersuchte CD-Marker zur Charakterisierung der Ad-MSCs.
(A) RT-PCR der CD-Marker über die Passagen 1-3, n.c.= Negativkontrolle, p.c.= positive Kontrolle (B) FACS Analyse der Zellen in Passage 3, hellgrau zeigt kurvenspezifische den Antikörper, dunkelgrau zeigt die Isotypkontrolle. Als positive Kontrolle dienten Erythrozyten. repräsentative Bilder aus 3 unabhängigen Versuchen. (N=3, n=2)

Ergebnisse

Auf mRNA Ebene konnten die Marker CD13, CD29, CD44 und CD166 detektiert werden (Abb. 4-1 A). Die Adhäsionsmoleküle CD31, CD34 und der Marker CD147, wichtig für die Spermatogenese, die Einnistung des Embryos, die Entwicklung des neuronales Netzes und der Tumorausbreitung waren an der Oberfläche der Ad-MSCs in Passage 3 nicht detektierbar. Die CD Marker 14, 45, 90, 73, 105 und HLA-DR wurden mittels Durchflusszytometrie analysiert (Abb. 4-1 B). Die Zellen waren positiv für die Marker CD73, CD90, und CD105 (92,63 ± 6,7%, 84,49 ± 1,2 % und 86,17 ± 0,9 %) und negativ für CD14, CD45 und HLA-DR (1,88 ± 0,3 %, 1,06 ± 0,5 % und 1,28 ± 0,5 %).

4.1.2 Proliferationsverhalten und Größe der eingesetzten Ad-MSCs

Das Verhalten der Zellen über mehrere Passagen wurden mittels Telomerlänge und der Proliferationsgeschwindigkeit untersucht (Abbildung 4-2).

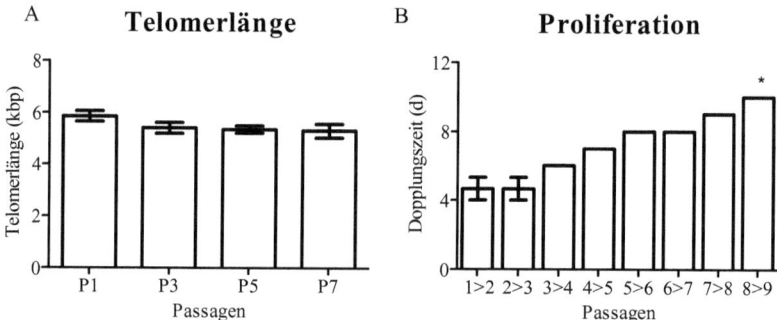

Abbildung 4-2: Verhalten der Zellen über die Passagen.
(A) Abnahme der Telomerlänge um 0,56 kbp über die untersuchten Passagen 1 bis 7 (N=3, n=1),
(B) Verlangsamte Proliferation der Ad-MSCs über die Passagen 1 bis 9 (N=3, n=1)

Dabei konnte eine Verkürzung der Telomerlänge und eine signifikante Verlangsamung der Proliferationsgeschwindigkeit über die untersuchten Passagen festgestellt werden. In Passage 7 lag die ermittelte Telomerlänge bei 5,30 kbp, was eine Abnahme von 0,56 kbp zu der ursprünglichen Länge von 5,86 kbp in Passage 1 darstellte. In den Passagen 1 bis 3 verdoppelte sich die Zellpopulation innerhalb von 4 bis 5 Tagen. In Passage 8 konnte eine signifikante um das 2-fache höhere Verdoppelungszeit erfasst werden.

Ergebnisse

Um die Größe der verwendeten Zellen zu analysieren wurden diese in Suspension nach einer Lebend-Tod- Färbung mittels Video-Bild System vermessen. Die in Passage 3 untersuchten Ad-MSCs wiesen dabei bei einer Viabilität von 82,9 ± 5,7 % eine durchschnittliche Größe von 14,2 ± 3,3 µm auf (N=3, n=1). Die Analyse der hHeps ergab bei einer Viabilität von 73,6 ± 3,2 % eine durchschnittliche Größe von 14,9 ± 2,8 µm (N=3, n=1). Für die Differenzierung wurden Zellen in Passage 3 eingesetzt, da in dieser Passage eine homogene Population vorhanden war und in den folgenden Passagen das Potential der Zellteilung abnahm.

4.2 Epigenetische Veränderungen der Zelle

Die epigenetischen Veränderungen in der Zelle wurden mittels der Inkubation der Zellen mit AZA und BIX-01294 initiiert. Um den Einfluss der beiden Substanzen auf die Zell-DNA zu erfassen, wurde der Methylierungsstatus mit der unter 3.2.2.4 beschriebenen Methode untersucht.

4.2.1 AZA und BIX-01294 verringern die DNA Methylierung

Mittels früherer Experimente in unserer Gruppe wurden die nicht toxischen Dosen und Stimulationszeiten für AZA und BIX-01294 ermittelt. Diese Konzentrationen kamen bei allen weiteren Versuchen zum Einsatz, da bei längeren Inkubationszeiten keine signifikanten Veränderungen im Methylierungsstatus erfasst werden konnten.

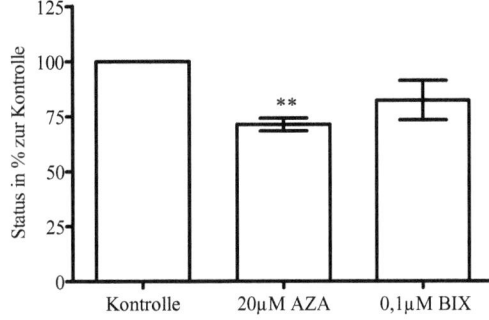

Abbildung 4-3: Methylierungsstatus der Zell-DNA.
Die Zellen wurden mit 20µM AZA und 0,1 µM BIX-01294 für 24 h bei 37, 5% CO_2 inkubiert. (N=3, n=3)

Im Vergleich zu den untersuchten unbehandelten Proben war der globale Methylierungsstatus der genomischen Zell-DNA durch die Inkubation mit AZA um 28,7 ± 7,2 % und durch die Verwendung von BIX-01294 um 17,8 ± 9,4 % reduziert.

4.3 Hepatische Differenzierung

Durch Synopse literarisch vorhandener Differenzierungsprotokolle und eigener Vorversuche die positive Ergebnisse erzielten wurden die Medienzusätze AZA, EGF, FGF4, NIC, DEX, ITS und HGF ausgewählt und getestet.

4.3.1 Signifikante Verbesserung der Differenzierung beim Einsatz von 5-Azacytidin

Nach der Inkubation der Zellen mit AZA erfolgte die hepatische Differenzierung mit der Gabe von FGF4, NIC, DEX und ITS für 13 Tage. Dabei führte die Präinkubation der Zellen mit AZA sowohl zu einer verbesserten Harnstoff- wie auch Glukoseproduktion (Abbildung 4-4).

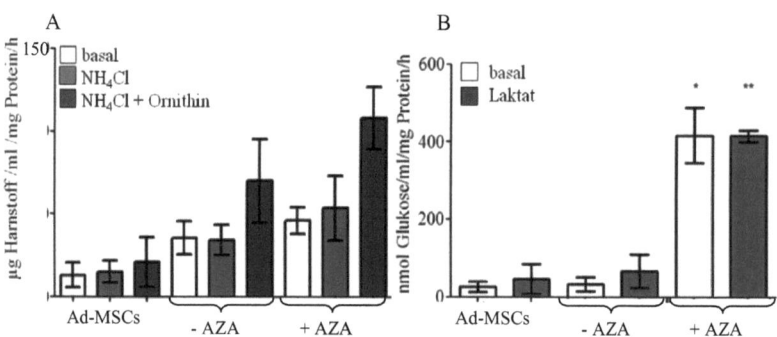

Abbildung 4-4: Harnstoff- und Glukoseproduktion der Zellen mit und ohne Präinkubation von AZA.
(A) Harnstoffproduktion, basale Werte (weiße Balken), Inkubation der Zellen mit NH_4Cl (hellgraue Balken), Inkubation der Zellen mit NH_4Cl und dem Co-Faktor Ornithin (dunkelgraue Balken).
(B) Glukoseproduktion, basale Werte (weiße Balken), Inkubation der Zellen mit Laktat (hellgraue Balken), * p < 0,05 ** p < 0,01 im Vergleich zu undifferenzierten Ad-MSCs. (N=3, n=3)

Wurden die Zellen vor der Differenzierung mit AZA inkubiert, war die Produktion von Harnstoff basal um das 0,4-fache, bei Gabe von NH_4Cl um das 0,6-fache und bei der

Gabe von NH$_4$Cl mit Ornithin um das 0,5-fache höher. Die Produktion von Glukose war bei der Verwendung von AZA basal signifikant um das 12,5-fache und bei der Stimulation mit Laktat signifikant um das 6,2-fache höher im Vergleich zu nicht präinkubierten differenzierten Zellen.

Bei der Analyse der Enzymaktivitäten konnte bei CYP1A1/2 eine signifikante 3-fach und bei der HFC-Konjugation eine 7,3-fach höhere Aktivitäten bei Präinkubation der Zellen mit AZA erfasst werden (Abbildung 4-5). Diese Enzymaktivitäten waren vergleichbar mit denen humaner Hepatozyten.

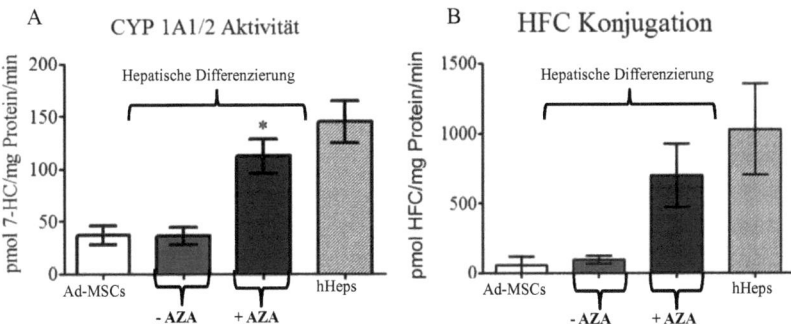

Abbildung 4-5: Phase I/II Aktivitäten der Zellen mit und ohne Präinkubation von AZA.
(A) CYP1A1/2 Aktivität und (B) HFC-Konjugation von Ad-MSCs (weißer Balken), differenzierte Zellen ohne Präinkubation mit AZA (grauer Balken), differenzierte Zellen mit AZA-Präinkubation (dunkelgrauer Balken), humane Hepatozyten (schraffierter Balken),
* $p < 0,05$ im Vergleich zu Ad-MSCs. (N=3, n=3)

Neben AZA haben auch andere Substanzen wie zum Beispiel BIX-01294 Einfluss auf die Zell-DNA. Um dessen Einfluss auf die Differenzierung der Ad-MSCs zu untersuchen wurde Bix-01294 zur Präinkubation eingesetzt. Als Vergleich diente AZA.

4.3.2 Keine signifikante Verbesserung der Differenzierung durch BIX-01294

Vor der Differenzierung wurde ein Teil der Zellen mit 20 µM AZA und der andere Teil mit 0,1 µM BIX-01294 für 24 h bei 37° C und 5 % CO_2 inkubiert.

Tabelle 4-1: Ergebnisse bei Präinkubation der Zellen mit BIX-01294 oder AZA.

Analyse	Ad-MSCs	Hepatozyten-ähnliche Zellen		Hepatozyten
		+ BIX-01294	+ AZA	
	nmol/ml/mg Protein/h			
Glukose Produktion	74,4±18,1	657,9±115,8	557,6±72.1	2186,7±87,8
	µg/µl/mg Protein/h			
Harnstoff Produktion	11,9±17,6	58,4±3,9	52,1±4,2	83,9±13,6
	nmol/min/mg Protein			
1A1/1A2	28,4±9,6	51,4±11,6	114,9±19,8	123,55±21,7
3A4	0,5±0,2	132,4±63,4	166,0±98,3	1632,1±267,2
2B6	123,9±50,3	919,8±152,7	929,3±171,6	1602,2±401,9
HFC Konjugation	16,3±6,1	53,9±23,2	461,4±205,9	582,9±210,4
HC Konjugation	22,1±11,5	13,5±6,2	27,8±6,1	574,5±67,8
RES Konjugation	2,4±0,6	4,7±1,1	4,3±1,3	120,42±19,8

N=3, n=3

Bei der Harnstoff- wie Glukoseproduktion waren keine signifikanten Unterschiede bei der Verwendung von AZA oder BIX-01294 erfassbar. Jedoch zeigten Zellen bei einer Präinkubation mit AZA im Vergleich zu BIX-01294 eine 2-fach höhere Aktivität bei CYP1A1/2 und eine 1,3-fach höhere CYP3A4 Aktivität. Bei dem Enzym CYP2B6 traten keine Unterschiede auf. Bei den Phase II Enzymen konnte bei präinkubierten Zellen mit AZA im Vergleich zu BIX-01294 eine 8,5 fach höhere HFC- und eine 2-fach höhere HC-Konjugation erfasst werden. Die RES-Konjugation blieb unbeeinflusst von der Wahl des Präinkubats. Diese und die in Abschnitt 4.3.1 gezeigten Ergebnisse führten zu einer dauerhaften Verwendung von 5-Azazytidine vor der Differenzierung.

Ergebnisse

Nach diesen Vorversuchen und weiteren Screenings verschiedener Kombinationen von Medienzusätzen wurden im Folgenden die wie in Abbildung 4-6 beschrieben Differenzierungsprotokolle getestet.

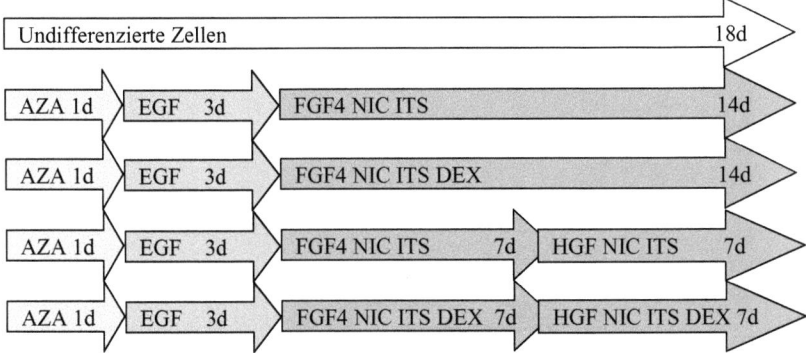

Abbildung 4-6: Getestete Differenzierungsprotokolle

4.3.3 Einsatz von Dexamethason bei der Differenzierung senkt den Glukoseumsatz der Zellen

Der Einsatz der verschiedenen Differenzierungsprotokolle ergab bei der Untersuchung zwar keine signifikanten Unterschiede, aber die Verwendung von Dexamethasone hatte eine leichte inhibierende Wirkung auf den Glukoseumsatz der Zellen (Abbildung 4-7).

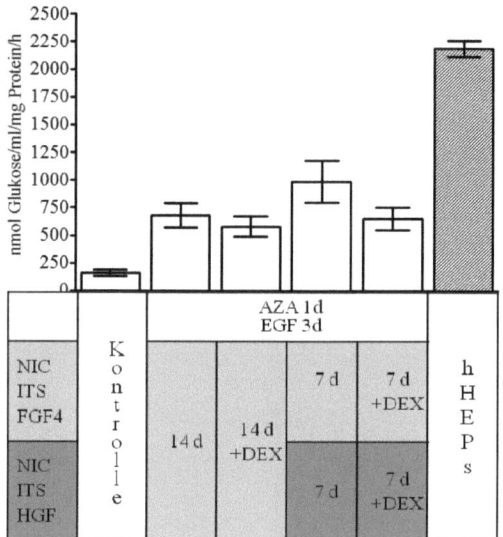

Abbildung 4-7: Erniedrigte Glukoseproduktion bei Verwendung von DEX. Zur Kontrolle dienten Ad-MSCs und hHeps (schraffierter Balken). (N=3, n=3)

Durch die Differenzierung der Zellen konnte die Produktion von Glukose im Vergleich zu undifferenzierten Ad-MSCs um das 5-fache gesteigert werden und erreichte die Hälfte der Produktion von hHeps.

4.3.4 35 % bessere Harnstoffproduktion beim Einsatz von HGF und Dexamethason

Die Erfassung des Harnstoffumsatzes erfolgte mit der unter 3.2.5 beschriebenen Methode.

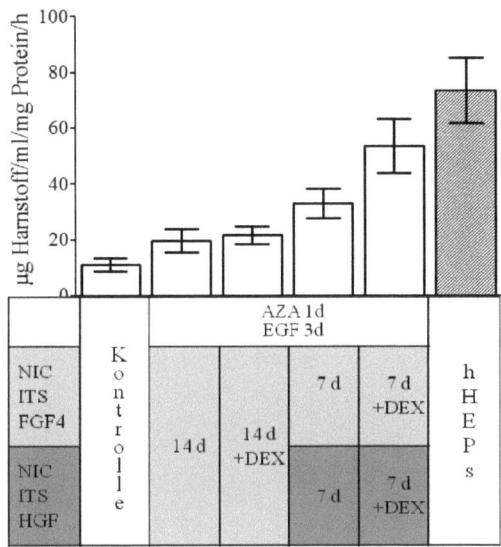

Abbildung 4-8: Verbesserte Harnstoffproduktion beim Einsatz von HGF mit DEX. HGF in Kombination mit DEX steigern die Harnstoffproduktion um das 2,8 fache und erreichen 73% vom Umsatz der hHeps. (N=3, n=3)

Durch die Differenzierung der Zellen konnte eine bis zu fünffache Erhöhung der Harnstoffproduktion erzielt werden (Abbildung 4-8). Der Einsatz von HGF in den letzten 7 Tagen der Differenzierung verbesserte die Harnstoffproduktion um ein Drittel und in Kombination mit Dexamethason war eine weitere Steigerung um das 1,6-fache möglich. Das beste Ergebnis von 53,6 ± 13,4 µg Harnstoff/µl/mg Protein/h konnte bei der Verwendung von AZA (Schritt 1), EGF (Schritt 2), FGF4, DEX, NIC, ITS (Schritt 3), und HGF, DEX, NIC, ITS (Schritt 4) erzielt werden, welches um ein Drittel niedriger lag als die Produktion bei hHeps.

4.3.5 Signifikant erhöhte Enzymaktivität beim Einsatz von HGF mit Dexamethason

Im Vergleich zu den undifferenzierten Ad-MSCs wiesen die differenzierten Zellen erhöhte Aktivitäten der Phase I/II Enzyme auf (Abbildung 4-9 und 4-10). Die untersuchten Enzymaktivitäten von CYP2A6, 2E1, 3A4, 2C8/9, CHC-, AHMC- und Resorufin-Konjugation zeigten bei der Untersuchung der verschiedenen differenzierten Zellen keine signifikanten Unterschiede. Anderseits wurde in Zellen, die mit HGF und DEX differenziert wurden, eine um den Faktor 1,5 höhere CYP1A1/2 Aktivität gemessen. Die Aktivität von CYP2B6 war in diesen Zellen um das 1,3-fache erhöht.

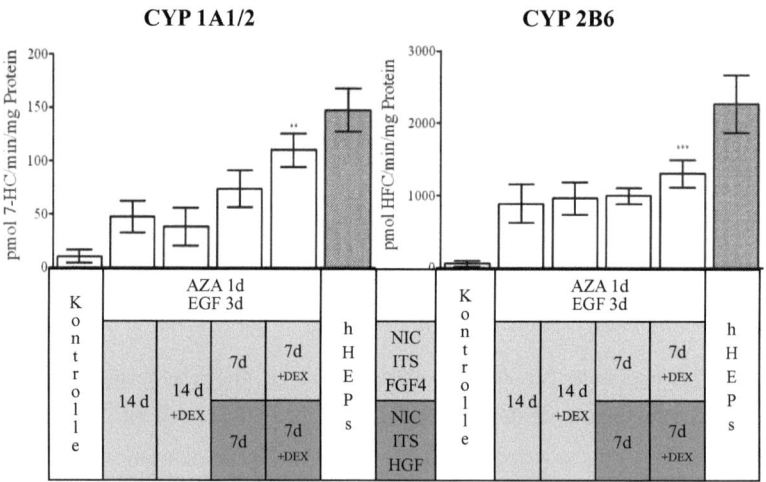

Abbildung 4-9: CYP1A1/2 und CYP2B6 Aktivitäten von unterschiedlich differenzierten Ad-MSCs. Als Kontrolle wurden hHeps und Ad-MSCs verwendet. ** $p < 0{,}01$, *** $p < 0{,}001$ verglichen mit Ad-MSCs. (N=3, n=4)

Ergebnisse

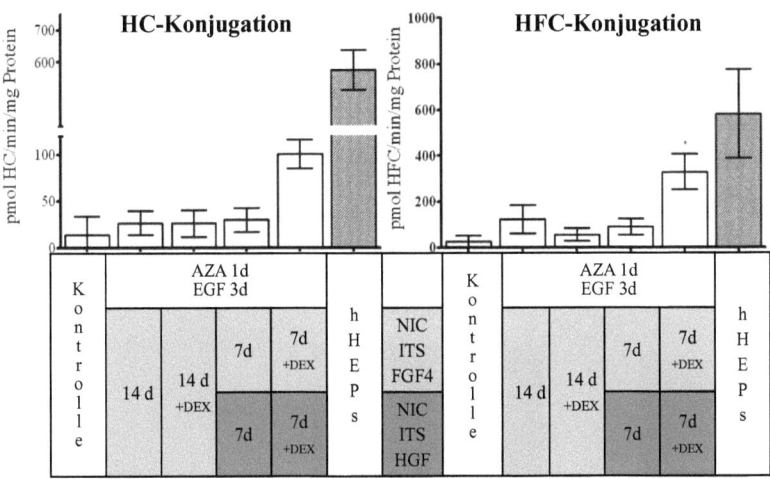

Abbildung 4-10: HC- und HFC- Konjugation von unterschiedlich differenzierten Ad-MSCs. Als Kontrolle wurden hHeps und Ad-MSCs verwendet. * p < 0,05 verglichen mit Ad-MSCs. (N=3, n=4)

Die HC- und HFC-Konjugation war jeweils 1,5-fach höher beim Einsatz von HGF in Kombination mit DEX im Vergleich zu Zellen die ohne DEX differenziert wurden. Ähnliches zeigte sich bei der Erfassung der Fluoreszein-Konjugation und Uridinediphosphat Glucoronosyltransferase Aktivität. Die Verwendung von HGF in Kombination mit DEX steigerte die Aktivitäten um das 2 beziehungsweise 13- fache, im Vergleich zu den ohne DEX differenzierten Zellen (Daten nicht gezeigt). Die in den Abschnitten 4.2.1-5 gewonnen Ergebnisse führten zur Etablierung des folgendem Differenzierungsprotokolls: AZA für 24 h, EGF für 3 Tage, FGF 4, DEX, ITS, NIC für 7 Tage und HGF, DEX, ITS, NIC für 7 Tage. Alle folgenden Ergebnisse beziehen sich auf Zellen die nach diesem Protokoll differenziert wurden.

4.4 Charakterisierung der Hepatozyten-ähnlichen Zellen

4.4.1 Differenzierung führt zu morphologischen Veränderungen der Zellen

Nach der Differenzierung erfolgten eine Phalloidin und Hoechst Färbung der Zellen. Damit konnten morphologische Veränderung der Zellen erfasst werden (Abbildung 4-11).

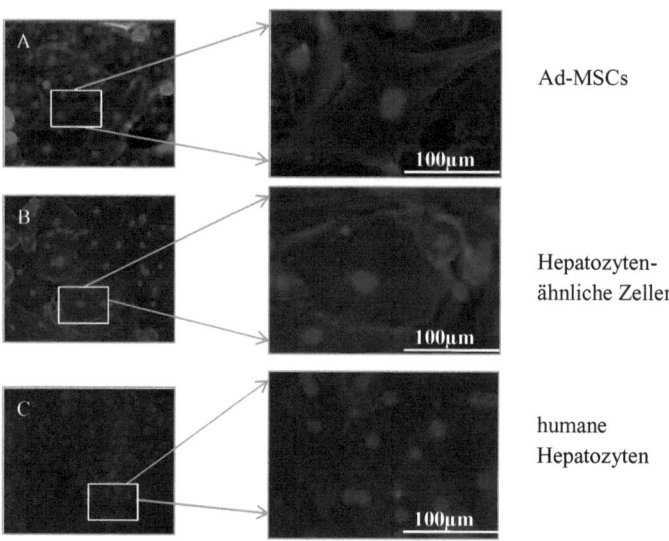

Abbildung 4-11: Morphologische Änderung der Zellen durch die Differenzierung

Die Zellmorphologie änderte sich durch die Differenzierung von Fibroblasten-ähnlich (4-11 A) nach kompakt hexagonal (4-11 B). Als Vergleich sind im unteren Bild humane Hepatozyten abgebildet (4-11 C).

Ergebnisse

4.4.2 Differenzierung führt zu verbesserten G6Pase-, PAS- und Öl rot Färbungen

Zur Detektion der Glukose-6-phosphataseaktivität, der Fähigkeit zur Einlagerung von Glykogen und Lipiden (Öl rot) wurden die Zellen wie in den Methoden unter 3.2.7-9 beschrieben angefärbt (Abbildung 4-12).

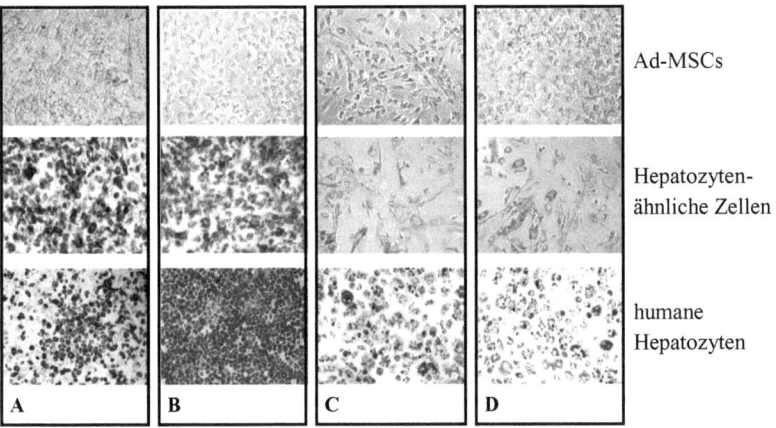

Ad-MSCs

Hepatozyten-ähnliche Zellen

humane Hepatozyten

Abbildung 4-12: Die Differenzierung führte zu stärkeren Färbungen von G6Pase, PAS und Öl rot. A: G6Pase Aktivität, B: PAS Färbung, C: Öl rot Färbung, D: Öl rot Färbung nach 24 h Insulin Stimulation, 20-fache Vergrößerung, repräsentative Bilder aus 4 unabhängigen Versuchen. (N=4, n=1)

Je nach Aktivität der Glucose-6-phosphatase zeigten die Zellen eine schwarze Färbung. Im Vergleich zu den Ad-MSCs waren die Hepatozyten-ähnlichen Zellen stärker gefärbt und zeigten eine vergleichbare Intensität der Färbung wie die hHeps. Auch die Anfärbung des Glykogens mittels PAS-Färbung war bei den Hepatozyten-ähnlichen Zellen viel stärker als bei den Ad-MSCs. Am stärksten war die Akkumulation von Glykogen in den hHeps. Bei den Öl-rot Färbungen, wo sich die Lipide als rote kugelförmigen Vakuolen darstellten, waren bei den hHeps die meisten positiven Zellen sowohl basal wie auch nach der Stimulation mit Insulin erfassbar. Die Hepatozyten-ähnlichen Zellen zeigten eine ähnliche Akkumulation von Lipiden und die Ad-MSCs zeigten durchgängig kaum positive Zellen.

Ergebnisse

4.4.3 Hepatozyten-ähnliche Zellen exprimieren wichtige hepatische Markern auf RNA Ebene

Mittels RT-PCR wurden die un- und differenzierten Zellen auf verschiedene in Hepatozyten vorkommenden Marker untersucht. Als Positivkontrolle diente die c-DNA von hHeps und als Negativkontrolle DEPC-H_2O. Zur Normalisierung wurden allen eingesetzten PCR-Proben auf das „Housekeeping- Gen" GAPDH untersucht (Abbildung 4-13).

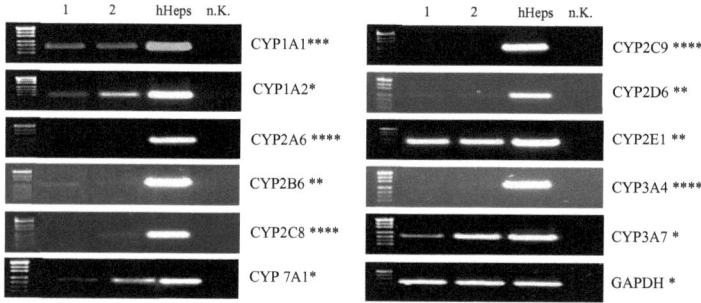

Abbildung 4-13: Hepatozyten-ähnliche Zellen exprimieren wichtige CYP450 Enzyme auf RNA-Ebene. 1= Ad-MSCs, 2=Hepatozyten-ähnliche Zellen, n.K.= Negativkontrolle, hHeps= humane Hepatozyten, *30ng-, ** 60ng-, *** 90ng-, **** 120ng- eingesetztes Template bei Ad-MSCs und Hepatozyten-ähnlichen Zellen, repräsentatives Bild aus 3 unabhängigen Experimenten.

Expressionen von CYP1A1 und CYP2E1 waren sowohl bei Ad-MSCs wie hepatozyten-ähnlichen Zellen detektierbar. Die Zellen zeigten eine schwache Expression von CYP2D6, CYP2B6 und CYP3A4. Eine starke Expression war hingegen bei CYP3A7 bei un- wie differenzierten Zellen detektierbar. Verglichen mit den Ad-MSCs, zeigten die differenzierten Zellen höhere Expressionen bei CYP7A1, CYP1A2 und CYP2C8. Keine Expressionen konnten bei CYP2A6 und CYP2C9 detektiert werden. Auf Proteinebene konnte die untersuchten Enzyme CYP2B6, CYP2C8/9/18, CYP2D6, CYP3A4, CYP2E1 und CYP1A1 nicht nachgewiesen werden (Daten nicht gezeigt). Neben den CYP450 Enzymen wurden weitere hepatische Marker auf RNA Ebene untersucht.

Dabei konnte im Gegensatz zu den Ad-MSCs MDR2 nur in den ausdifferenzierten Zellen detektiert werden. Die Marker Albumin und α-Fetoprotein waren sowohl in Ad-MSCs als auch in den Hepatozyten-ähnlichen Zellen erfassbar (Abbildung 4-14). Von den Transkriptionsfaktoren der HNF-Familie waren keine Expression in den Ad-MSCs und Hepatozyten-ähnlichen Zellen detektierbar. Beide Zelletypen wiesen eine Expression bei CX32 und CK18 auf, wobei bei CX32 die differenzierten Zellen eine stärkere Expression zeigten als die Ad-MSCs.

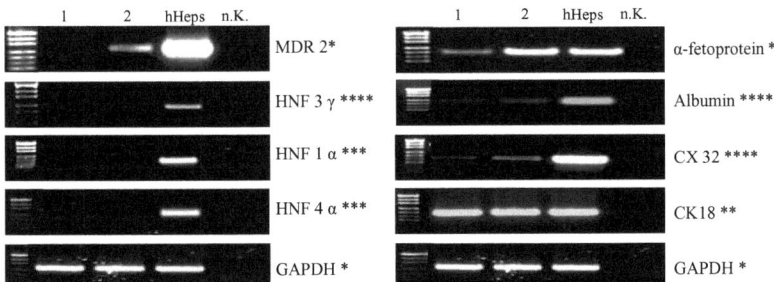

Abbildung 4-14: Hepatozyten-ähnliche Zellen exprimieren wichtige hepatische Marker auf RNA-Ebene. 1= Ad-MSCs, 2=Hepatozyten-ähnliche Zellen, n.K.= Negativkontrolle, hHeps= humane Hepatozyten, *30ng-, **60ng-, ***90ng-, ****120ng- Template bei Ad-MSCs und Hepatozyten-ähnlichen Zellen, repräsentatives Bild aus 3 unabhängigen Untersuchungen

Die Auswertung der PCR mittels Densitometer zeigte bei den Hepatozyten-ähnlichen Zellen im Vergleich zu Ad-MSCs bei einigen Markern signifikant höhere Expressionen (Abbildung 4-15).

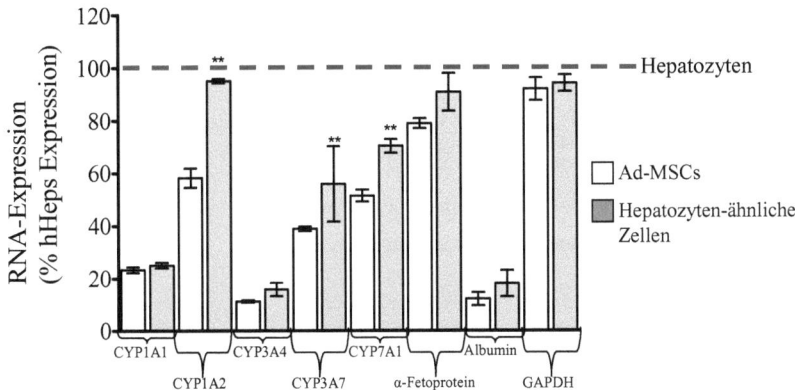

Abbildung 4-15: Hepatozyten-ähnliche Zellen zeigen hohe Expressionen wichtiger hepatischer Marker. Alle Werte beziehen sich auf die 100%ige Signalstärke von hHeps (− − −).
** $p < 0,01$ verglichen mit Ad-MSCs. (N=3, n=1)

Bei den Hepatozyten-ähnlichen Zellen waren im Vergleich zu den Ad-MSCs die Expressionen von CYP1A2 signifikant um das 1,6-fache, bei CYP3A7 um das 1,5-fache und bei CYP7A1 um das 1,4-fache höher. Keine signifikanten Unterschiede waren bei den Expressionen von CYP1A1, CYP3A4, α-Fetoprotein und Albumin zwischen Ad-MSCs und Hepatozyten-ähnliche Zellen messbar.

4.4.4 CYP1A1/2 und CY 3A4 können bei den Hepatozyten-ähnlich Zellen induziert werden

Bei der Stimulation der Zellen mit 3-Methylcholantren und Rifampicin konnten in Gegenwart der Glucocorticoide eine Erhöhung der CYP1A1/2- und CYP3A4-Aktivität gemessen werden (Abbildung 4-16). Hepatozyten-ähnliche Zellen wie die humanen Hepatozyten zeigen dabei eine signifikante Erhöhung der Aktivitäten im Vergleich zu Ad-MSCs.

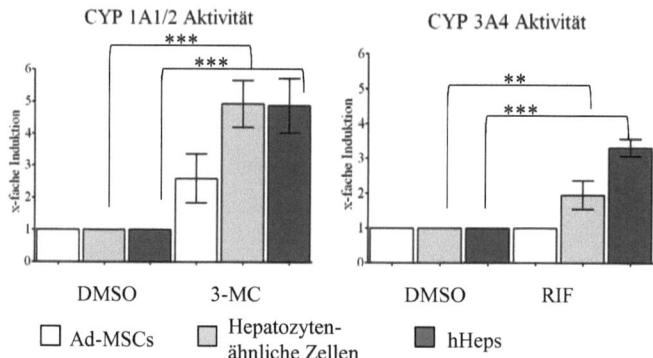

Abbildung 4-16: Induktion von CYP1A1/2 und CYP3A4 der Ad-MSCs, Hepatozyten-ähnlichen Zellen und hHeps.
*** $p < 0,001$ verglichen mit nicht induzierten Zellen (N=3, n=4)

Diese Ergebnisse waren auf Fluoreszenzebene detektierbar, konnten jedoch nicht auf RNA-Ebene oder Proteinebene nachgewiesen werden.

4.4.5 Geringer Testosteronumsatz der differenzierten Zellen

Nach 24 h Stimulation mit Testosteron erfolgte die Analyse des Überstands von Ad-MSCs, Hepatozyten-ähnlichen Zellen, Hepatozyten-ähnlichen Zellen stimuliert mit Rifampicin oder 3-Methylcholantren für 72 h und hHeps. Bei den Ad-MSCs und Hepatozyten-ähnlichen Zellen konnte ein sehr geringer Umsatz von Testosteron gemessen werden. Der Umsatz der Proben lag bei 0-8,9 %. (Tabelle 4-2).

Tabelle 4-2: Analytische Auswertung der Testosteronproben mittels HPLC.

	Bezeichnung	Ret.zeit (min)	Wiederfindung (%)	Umsatz (%)
24 h Stimulation mit Testosteron	Medium	30,6	100,0	0,0
	Ad-MSCs	29,7	98,3	1,7
	Hepatozyten-ähnlich Zellen	29,3	91,1	8,9
	Hepatozyten-ähnlich Zellen + 3d Rif	30,5	99,0	1,0
	Hepatozyten-ähnlich Zellen+3d Rif, 3-MC	29,2	100,0	0,0
	Humane Hepatozyten	30,1	19,3	80,7

N=3, n=3

Im Vergleich setzten die untersuchten humanen Hepatozyten 80,7 % des Testosterons um. Von den untersuchten Metaboliten konnten 4,2 % 6β-OHT, 3,5 % Androstendion und 3,1 % 16α-OHT gemessen werden.

4.4.6 Toxikologisches Verhalten der Zellen gegenüber Standardsubstanzen

Ad-MSCs, Hepatozyten-ähnliche Zellen und humane Hepatozyten wurden zum Nachweis der direkten Toxizität mittels $HgCl_2$ und DMSO und für die metabolisch induzierte Toxizität mit Verapamil, Diclofenac und Kaffein inkubiert (Abbildung 4-17).

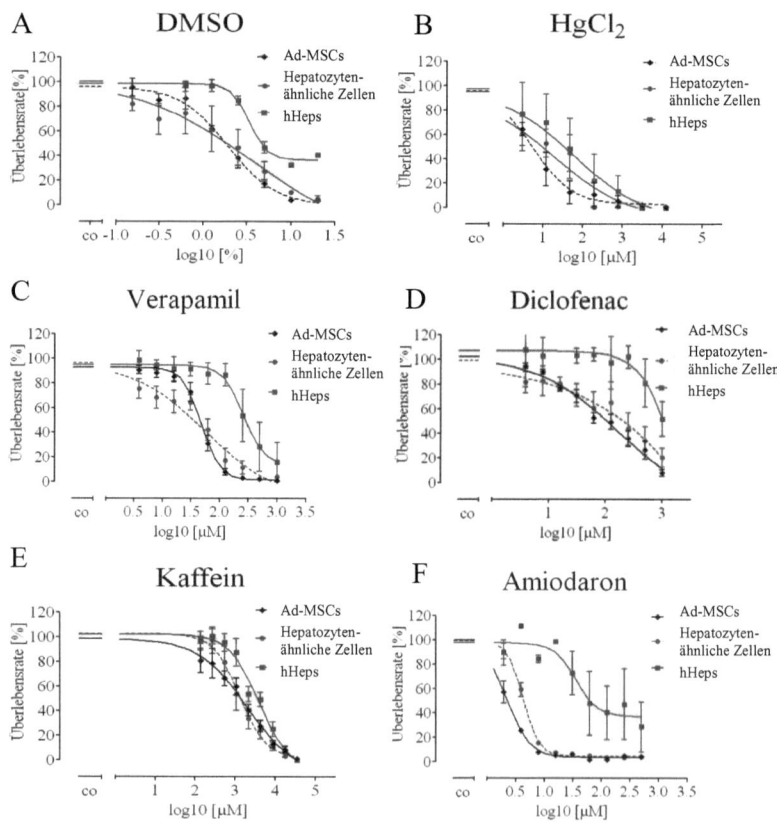

Abbildung 4-17: Dosis-Wirkungskurven der 3 Zelltypen.
(A): Ermittlung der Toxizität von DMSO, (B): $HgCl_2$, (C): Verapamil, (D): Diclofenac, (E): Kaffein, (F): und Amiodaron. (N=4, n=6)

Ergebnisse

Aus den oben durchgeführten Untersuchungen sind in der nachfolgenden Tabelle die errechneten EC_{50} Werte der drei Zelltypen aufgelistet.

Tabelle 4-3: EC_{50} Werte der untersuchten Zellen.
** p < 0,01 verglichen mit Hepatozyten-ähnlichen Zellen,
°° p < 0,01 verglichen mit primären Hepatozyten. (N=4, n=6)

Substanzen	Ad-MSCs	Hepatozyten-ähnliche Zellen	Hepatozyten
Direkte Toxizität			
DMSO (%)	2,06 ± 0,4	3,19 ± 1,1	3,62 ± 0,3
$HgCl_2$ (mM)	0,30 ± 0,1 **/°°	0,73 ± 0,2	2,46 ± 1,2
Metabolische Toxizität			
Amiodaron (µM)	2,20 ± 0,4 **/°°	3,79 ± 0,6	31,20 ± 5,1
Diclofenac (mM)	0,37 ± 0,2	0,38 ± 0,1	0,35 ± 0,1
Kaffein (mM)	2,40 ± 0,7	2,06 ± 0,4	4,41 ± 1,3
Verapamil (mM)	0,44 ± 0,1	0,99 ± 0,1	1,35 ± 0,1

Bei den eingesetzten Substanzen DMSO und Diclofenac konnten keine signifikanten Unterschiede zwischen den EC_{50} Werten der Ad-MSCs, Hepatozyten-ähnlichen Zellen und hHeps gemessen werden. Die EC_{50} Werte der Ad-MSCs bei $HgCl_2$ waren signifikant um das 2,5-fache geringer im Vergleich zu den Hepatozyten-ähnlichen Zellen. Die EC_{50} Werte der hHeps waren bei $HgCl_2$ signifikant um das 8-fache höher im Vergleich zu den Ad-MSCs und um das 3,4-fache höher gegenüber den Hepatozyten-ähnlichen Zellen. Bei Amiodaron waren die EC_{50} Werte bei den Ad-MSCs signifikant um das 14-fache und bei den Hepatozyten-ähnlichen Zellen um das 8-fache niedriger als bei den hHeps. Diese signifikanten Abweichungen zeigten sich auch in den unterschiedlichen Kurvenverläufen der Dosis-Wirkungskurven jener Substanzen. Die EC_{50} Werte von Kaffein waren sowohl bei Ad-MSCs wie Hepatozyten-ähnlichen Zellen halb so hoch wie die Werte der hHeps. Bei Verapamil waren die EC_{50} Werte durch die Differenzierung der Zellen um das 2-fache gestiegen und erreichten vergleichbare Werte wie hHeps.

Ergebnisse

4.4.7 Injektion von un- und differenzierter Ad-MSCs in C57B6J und Scid/beige Mäuse

Die Zellen wurden wie in Abschnitt 3.2.16 beschrieben angezogen, gegebenenfalls differenziert und für die Injektion zur TU Rostock versendet. Neben den Hepatozyten-ähnlichen Zellen wurden Ad-MSCs als negative und hHeps als positive Kontrolle verwendet. Alle Zellen wurden nach Trypsinierung und Anfärbung mit DiI in die Milz von zuvor mit CCl_4 geschädigten Mäusen injiziert. Die Bilder von den Schnitten der nach 4 Tagen resektierten Lebern stellten sich wie folgt dar:

(A) Ad-MSCs   (B) Hepatozyten-   (C) Hepatozyten
                      ähnliche Zellen

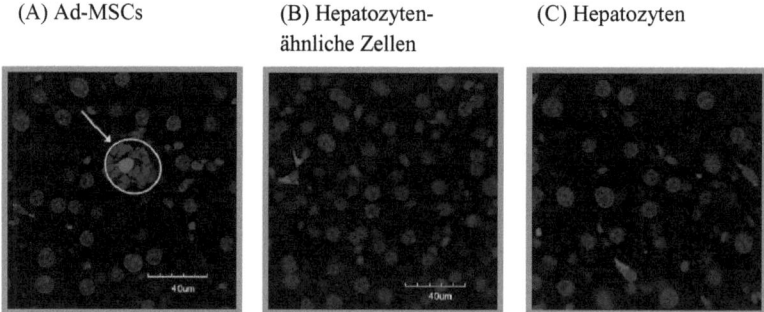

Abbildung 4-18: Injizierte Ad-MSCs lösen eine stärkere Immunreaktion aus als Hepatozyten-ähnliche Zellen oder hHeps.
(A) Ad-MSCs, (B) Hepatozyten-ähnlichen Zellen, (C) hHeps Rote, Zellen: DiI gefärbte transplantierte Zellen, Blau: Dapi Färbung des Kerns, Entnahme nach 4d, repräsentatives Bild von 3 unabhängigen Versuchen. (N=3, n=1)

Die Aufnahmen zeigten eine Ansammlung von Mauszellen um die injizierten Ad-MSCs. Im Vergleich waren solche Zellansammlungen um injizierte Hepatozyten-ähnliche Zellen und hHeps nicht zu beobachten (Abbildung 4-18). Um die Integration der Zellen ohne störende Immunreaktionen besser zu erfassen, wurden immundefiziente Scid/beige Mäuse eingesetzt. Nach der Transplantation der Zellen fand nach 4, 10 und 21 Tagen eine Leberresektion statt (Abbildung 4-19).

Ergebnisse

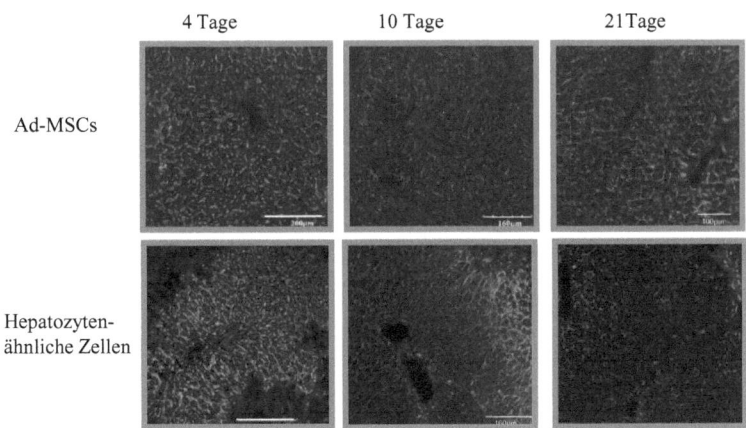

Abbildung 4-19: Höhere Wiederfindungsrate von Hepatozyten-ähnlichen Zellen in Scid/beige Mäusen im Vergleich zu Ad-MSCs. Rot: DiI gefärbte transplantierte Zellen, Blau: Dapi Färbung des Kerns, Grün: DPPIV-Immunfärbung der Sinusoide, repräsentative Bilder aus 3 unabhängigen Versuchen. (N=3, n=1)

Bei den Schnitten der Lebern von Transplantationen mit Hepatozyten-ähnlichen Zellen konnten zu allen Entnahmezeitpunkten mehr integrierte Zellen detektiert werden als bei Schnitten von Lebern aus Transplantationen mit undifferenzierten Ad-MSCs. Die Immunfärbung mit DPPVI war in allen Schnitten deutlich als grüne Färbung erkennbar. Sie dient der Anfärbung der Sinusoide. Durch diese Färbung war ersichtlich, dass die Zellen noch im Gefäß verblieben und nicht vollständig in das Leberparenchym migriert waren. *In vitro* auf RNA Ebene konnte DPPVI sowohl bei Ad-MSCs wie auch bei Hepatozyten-ähnlichen Zellen nachgewiesen werden (Abbildung 4-20).

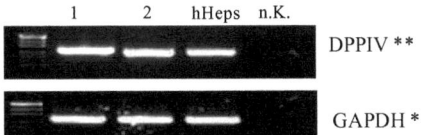

Abbildung 4-20: *In vitro* Nachweis von DPPIV auf RNA Ebene.
1= Ad-MSCs, 2=Hepatozyten-ähnliche Zellen,
n.K.= Negativkontrolle, hHeps= humane Hepatozyten, *30ng-, **90ng- Template bei Ad-MSCs und Hepatozyten-ähnlichen Zellen, repräsentative Bilder aus 3 unabhängigen Versuchen. (N=3, n=1)

4.5 Kryokonservierung von Ad-MSCs und Hepatozyten-ähnlichen Zellen

Um die Möglichkeit der stetigen Verfügbarkeit mittels Kryokonservierung zu untersuchen, wurden Ad-MSCs, Hepatozyten-ähnliche Zellen und hHeps die für sechs Monate eingefroren. Nach dem Auftauen erfolgte die Untersuchung der Viabilität, Anheftung sowie der metabolischen und enzymatischen Aktivität der Zellen.

4.5.1 Zellen zeigten vergleichbare Viabilität und Anheftung wie humane Hepatozyten

Die eingefrorenen Ad-MSCs zeigten nach den 6 Monaten eine Viabilität von 41,3 ± 6,1 % und eine Anheftungsrate von 60,2 ± 16,1 %. Die Viabilität der Hepatozyten-ähnlichen Zellen lag nach dem Aufrauen bei 46,9 ± 10,3 % und 52,3 ± 8,6 % der Zellen hefteten sich an die Oberfläche der Kulturflasche an. Die nach 6 Monaten aufgetauten hHeps zeigten eine Viabilität von 54,4 ± 13,7 % und eine Anheftungsrate von 30,12 ± 14,5 %.

4.5.2 Keine Beeinflussung des Harnstoffumsatzes bei kryokonservierten Hepatozyten-ähnlichen Zellen

Die Ad-MSCs zeigten keinen Abfall der Harnstoffproduktion egal, ob sie vor oder nach dem Kryokonservieren differenziert wurden (Abbildung 4-21).

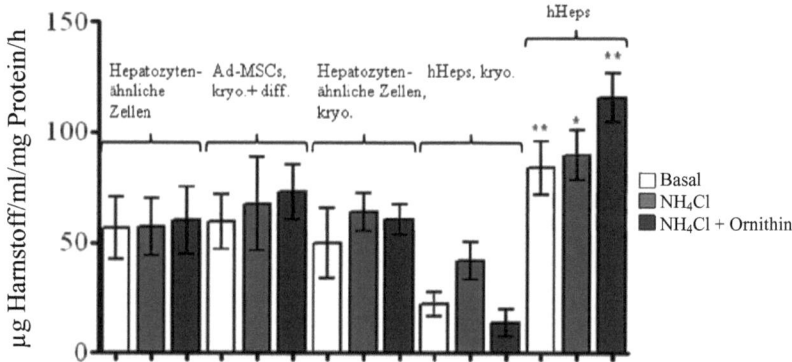

Abbildung 4-21: Kein Verlust des Harnstoffumsatzes bei kryokonservierten Ad-MSCs oder Hepatozyten-ähnlichen Zellen. Basale Werte (weiße Balken), Inkubation der Zellen mit NH_4Cl (hellgraue Balken), Inkubation der Zellen mit NH_4Cl und dem Co-Faktor Ornithin (dunkelgraue Balken).
* $p < 0,05$ ** $p < 0,01$ im Vergleich zu kryokonservierten hHeps. (N=3, n=4)

Dies zeigte sich sowohl basal, wie auch bei den Zellen, die mit NH$_4$Cl und Ornithin stimuliert wurden. Die detektierte Harnstoffproduktion war ähnlich hoch wie die von frisch isolierten hHeps. Im Vergleich zu den kryokonservierten hHeps waren die Harnstoffproduktionen der Ad-MSCs und Hepatozyten-ähnlichen Zellen doppelt so hoch.

4.5.3 Das Differenzieren das Zellen vor der Kryokonservierung konserviert die Glukoseproduktion

Durch die Kryokonservierung konnte bei den Hepatozyten-ähnlichen Zellen die Fähigkeit der Glukoseproduktion konserviert werden. Bei den eingefrorenen und anschließend differenzierten Zellen hingegen trat ein signifikanter Verlust dieser metabolischen Eigenschaft auf (Abbildung 4-22). Deren Glukoseproduktion entsprach dem Level undifferenzierter Zellen.

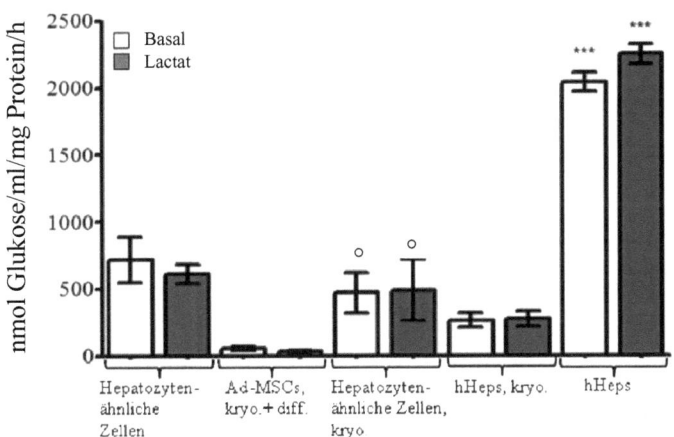

Abbildung 4-22: Geringere Glukoseproduktion durch die Kryokonservierung der Zellen.
Basale Werte (weiße Balken), Inkubation der Zellen mit Laktat (hellgraue Balken), *** $p < 0,001$ im Vergleich zu kryopreserierten hHeps, ° $p < 0,05$, °° $p < 0,01$ im Vergleich zu kroypreservierten anschließend differnzierten Ad-MSCs. (N=3, n=4)

Die frisch isolierten hHeps zeigten gegenüber den kryokonservierten hHeps einen signifikanten 7,9-fach höheren Glukoseumsatz welcher basal sowie bei der Stimulation mit Laktat gemessen wurde.

4.5.4 Glykogenspeicherung wird durch die Kryokonservierung stark reduziert

Nach der Kryokonservierung wurden Färbungen für G6pase, PAS und Öl rot durchgeführt (Abbildung 4-23).

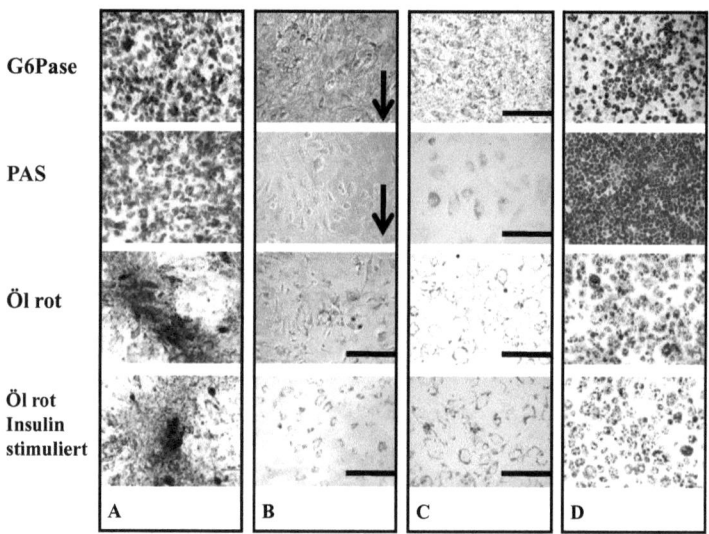

Abbildung 4-23: Veränderte G6P-, PAS- und Öl rot Färbungen der Zellen nach der Kryokonservierung. (A) nicht kryokonservierte Hepatozyten-ähnliche Zellen, (B), sechs Monate kryokonservierte Ad-MSCs mit anschließender Differenzierung, (C), sechs Monate kryokonservierte Hepatozyten-ähnliche Zellen, (D) nicht kryokonservierte humane Hepatozyten, 20-fache Vergrößerung, repräsentative Bilder aus 3 unabhängigen Versuchen. (N=3, n=2)

Im Vergleich zu den eingefrorenen Hepatozyten-ähnlichen zeigten die sechs Monaten eingefrorenen und anschließend differenzierten Ad-MSCs eine schwächere Glukose-6-phosphataseafärbung. Die PAS-Färbung war in den eingefrorenen und anschließend differenzierten Ad-MSCs negativ. Die Fähigkeit der Lipideinlagerung wurde durch die Kryokonservierung nicht verändert, was sich basal wie nach der Stimulation mit Insulin in einer positiven Öl-Rot Färbungen zeigte.

4.5.5 Vorgeschaltete Differenzierung konserviert Phase I Enzymaktivitäten

Verglichen mit den Hepatozyten-ähnlichen Zellen zeigten die Ad-MSCs, die erst nach 6 Monaten Kryokonservierung differenziert wurden, signifikante Einbußen in der Aktivität einiger wichtiger Phase I Enzyme (Abbildung 4-24).

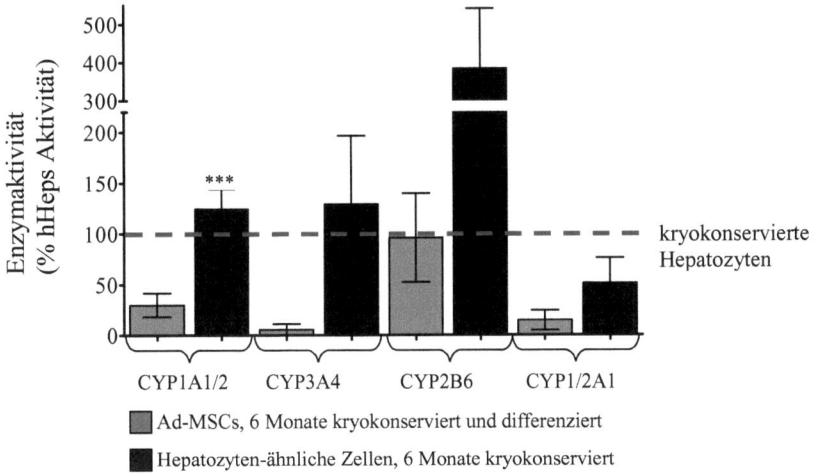

Abbildung 4-24: CYP1A1/2, -3A4, -2B6, und -2A1 Enzymaktivitäten nach der Kryokonservierung. Die Werte sind dargestellt als prozentualer Anteil der Enzymaktivitäten von für 6 Monate krokonservierten hHeps, *** p < 0,001 im Vergleich zu den kryokonservierten Ad-MSCs, Ad-MSCs kryokonserviert und differenziert, Hepatozyten-ähnlichen Zellen kryokonserviert, hHeps kryokonserviert (— — —). (N=3, n=4)

Die kryokonservierten Hepatozyten-ähnlichen Zellen zeigten eine signifikante 4-fach höhere CYP1A1/2 und eine 25-fach höhere CAP3A4 Aktivität im Vergleich zu den kryokonservierten und anschließend differenzierten Ad-MSCs. Beide Werte entsprachen den Enzymaktivitäten der kryokonservierten hHeps. Des Weiteren waren im Vergleich zu den kryokonservierten und anschließend differenzierten Ad-MSCs die Enzymaktivitäten von CYP2B6 und CYP2A1 gegenüber den kryokonservierten Hepatozyten-ähnlichen Zellen um das 3,8-fache höher. Im Vergleich zu den kryokonservierten hHeps zeigten die kryokonservierten Hepatozyten-ähnlichen Zellen eine 3,8-fach höhere CYP2B6 Aktivität jedoch nur eine halb so hohe CYP2A1 Aktivität.

Ergebnisse

4.5.6 Unveränderte Phase II Enzymaktivitäten durch die Kryokonservierung

Bei den untersuchten Phase II Enzymaktivitäten konnten keine signifikanten Unterschiede zwischen den Aktivitäten der kryokonservierten Hepatozyten-ähnlichen Zellen und den eingefrorenen und anschließend differenzierten Ad-MSCs gemessen werden (Abbildung 4-25).

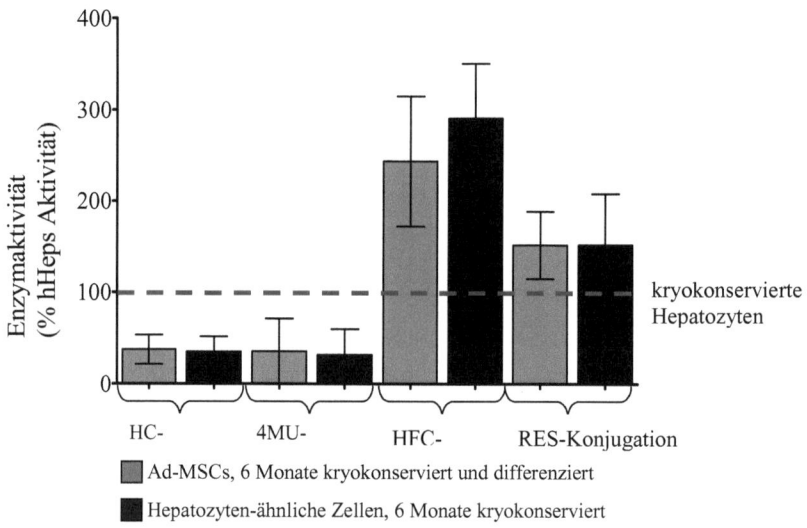

Abbildung 4-25: HC-, HFC-, Res- and 4-MU Konjugation nach der Kryokonservierung. Die Werte sind dargestellt als prozentualer Anteil der Enzymaktivitäten von für 6 Monate krokonservierten hHeps, Ad-MSCs kroykonserviert und differenziert, Hepatozyten-ähnlichen Zellen kryokonserviert, hHeps kryokonserviert (— — —), (N=3, n=4)

Die HC- und 4MU- Konjugationsreaktionen waren in beiden Zelltypen welche von Ad-MSCs generiert wurden vergleichbar und erreichten ein Drittel der Aktivität von kryokonservierten hHeps. Im Gegensatz dazu waren die HFC- und Resorufin-Konjugationsreaktionen zwar auch in beiden kryokonservierten Zelltypen vergleichbar, erreichten aber 3,0- beziehungsweise 1,5-fache höhere Aktivitäten im Vergleich zu den eingefrorenen hHeps.

5. Diskussion

Die orthotope Lebertransplantation (OLT) zur Behandlung von Lebererkrankungen ist wegen schlechter Verfügbarkeit und der langen Wartezeit auf ein geeignetes Spenderorgan sehr limitiert. Zudem können manche Patienten aufgrund medizinischer, technischer oder psychosozialen Kontraindikationen einer solchen Operation nicht unterzogen werden. Daher könnten zellbasierte Therapien eine interessante Alternative für Patienten mit Funktionsstörungen ihrer Hepatozyten oder akutem Leberversagen darstellen (14).

Die Transplantation von Hepatozyten wurde bei monogenetischen Dysfunktionen schon erfolgreich eingesetzt. Beim dem Crigler-Najjar Syndrome Type 1 führte der Einsatz von transplantierten Hepatozyten zu einer deutlichen Verbesserung des Krankheitsbildes (4,64). Sehr selten sind Hepatozyten zum gewünschten Zeitpunkt in der benötigten Menge verfügbar, da die für die Isolation genutzten Resektate zumeist von erkrankten Patienten stammen und die isolierten Zellen starke Qualitätsschwankungen aufweisen. Gewonnene Hepatozyten können außerdem nicht über längere Zeiträume kultiviert werden ohne dass Verluste hinsichtlich ihrer enzymatischen wie metabolischen Eigenschaften auftreten. Post-operativ wird die Gabe von Immunsuppressiva benötigt um die Abstoßung der injizierten Zellen zu verhindern (146). Aufgrund dieser Einschränkungen suchen Forscher nach Alternativen basierend auf der Stammzellentechnologie (17). ESCs und IPs-Zellen würden sich dafür eignen, stehen aber wegen ethischen oder herstellungstechnischen Beschränkungen noch immer nicht für den klinischen Einsatz zur Verfügung. Daher treten Alternativen wie beispielsweise mesenchymale Stammzellen in den Fokus der Wissenschaft. Diese Zellen können aus verschiedenen Quellen, wie Knochenmark, Nabelschnurblut, Plazentagewebe oder adipösem Gewebe isoliert werden. Zellen aus Letzterem sind im Vergleich zu den Anderen mit einem geringen operativen Einsatz zu gewinnen, zeigen eine gute Proliferation und können aus größeren Mengen isoliert werden. Aus 5 g adipösem Gewebe lässt sich eine Menge von 35 Millionen Zellen zur hepatischen Differenzierung gewinnen. Diese Zellen können anschließend kultiviert werden bis die Menge von 30-100 Millionen Zellen pro kg Körpergewicht, die zur Injektion benötigt werden, erreicht ist. Um solche Zellmengen zu generieren sind neue Techniken wie der

Bioreaktor entwickelt worden. CHEN, Z., ET AL., konnte beispielsweise nach acht Tagen durch die Nutzung eines 50 ml rotierenden Bioreaktors die anfangs eingesetzte Zellanzahl seiner BM-MSCs um das neunfache erhöhen und erhielt $8,93 \pm 0,41 \times 10^6$ Zellen /ml. Die Zellen aus dem Bioreaktor zeigten wie die in 2D kultivierten Zellen positive Expressionen der MSCs Marker Vimentin und Endoglin und konnten in chondrogene, osteogene und adipogene Zellen differenziert werden (24).

Dass es sich bei den isolierten Zellen um mesenchymale Stammzellen handelte, konnte in unserem Labor durch die Analyse entsprechender Oberflächenmarker analysiert werden (36). Dabei wiesen die generierten Ad-MSCs jene für mesenchymale Zellen spezifischen CD-Marker auf. Erst in Passage drei war eine homogene Zellpopulation sowie eine ausreichender Zellmenge vorhanden, was dazu führte, dass erst ab dieser Passage mit der hepatischen Differenzierung begonnen wurde. Die eingesetzten Ad-MSCs wurden auch auf ihre Telomerlänge hin untersucht, um jedweden karzinogenen Charakter der Zellen auszuschließen. In Passage 4 der Ad-MSCs wurde die Länge von 5,4 kbp festgestellt, welches sich mit den Ergebnissen von MADONNA, R., ET AL. decken. Diese konnten in ihren Analysen in Passage 4 eine Telomerlänge von 4,0 kbp messen. Dieser geringere Wert sei dem abweichendem Auswertungsverfahren geschuldet (97). Über die untersuchten Passagen war eine Abnahme der Telomerlänge in den Ad-MSCs messbar. Andere Studien zeigen, dass Chondrozyten oder mesenchymalen Stammzellen aus Osteophyten über die Passagen signifikante Abnahmen von bis zu ein Fünftel der Ursprungslänge aufweisen (19,151). Unterschreitet die Telomerlänge ein kritisches Minimum von zirka 4 kbp kann sich die Zelle nicht mehr weiter teilen. Die hierdurch entstandene Begrenzung der zellulären Lebenszeit wird als Tumorsuppressor-Mechanismus verstanden.

5.1 Hepatische Differenzierung der Zelle

5.1.1 Epigenetische Veränderungen in den Zellen

Für die hepatische Differenzierung wurde in unserer Arbeitsgruppe ein Protokoll entwickelt, welches AZA, EGF, NIC, FGF4, DEX, ITS und HGF beinhaltete. Dabei war die Verwendung von AZA essentiell, da mit diesem Präinkubat der Methylierungsstatus der Zellen herabgesetzt werden konnte, was eine Transkription der

Diskussion

Gene begünstigte (140). Die in unserer Studie verwendeten 20 µM AZA führen zu einer Abnahme des globalen Methylierungsstatuses was früheren Ergebnissen anderer Gruppen entspricht (8). Interessant war zudem, dass durch das Präinkubieren der Zellen mit AZA eine signifikante Verbesserung der Harnstoff- und Glukoseproduktion sowie der Phase I/II Aktivitäten erreicht wurde. Dieser Einfluss von AZA ist auch von verschiedenen anderen Forschungsgruppen, die mit humanen MSCs gearbeitet haben, beobachtet worden (7,156). SNYKERS, S., ET AL. beschreibt in Ihrer Review das der Einsatz von DNMTis bei HeLa Zellen, humanen Hepatomzellen oder murinen Hepatozyten zu signifikant höheren PhaseI/II Enzymaktivitäten, höheren Expressionen der Marker CX26, CX32, CX43 und verschiedener leberspezifischen Transkriptionsfaktoren führt (153). SGODDA, M., ET AL. konnte beim Einsatz von AZA bei der Differenzierung von Ad-MSCs aus Rattengewebe die hepatischen Marker DPPIV, Albumin, CYP1A1, HepPar1, AFP, CK19, PCK1und CK18 detektieren (150).

Im Vergleich von AZA mit BIX-01294 als Präinkubat vor der hepatischen Differenzierung waren die enzymatischen Aktivitäten der Zellen bei Verwendung von AZA signifikant besser als die bei der Präinkubation mit BIX-01294. Grund dieser Ergebnisse kann die durch BIX-01294 sehr spezifische Inhibition der HMTase G9a sein, was zu einer geringeren epigenetischen Veränderung in der Zelle führt (45). AZA welches nicht derart spezifisch wirkt zeigte zudem beim globalen Methylierungsstatus der DNA einen stärkeren Abfall als die Zellen, die mit BIX-01294 präinkubiert wurden. (140). Ähnliche Veränderungen in der Methylierung durch AZA wurden bei der Untersuchung von Mausfibroblasten beobachtet, in denen die Verwendung von 5 µM und 10 µM AZA eine signifikante Reduzierung der DNA-Methylierung auftrat (8,185). Auch die Wirkung von BIX-01294 auf die Zell-DNA ist sowohl bei ESCs von Mäusen wie bei HeLa Zellen beschrieben. An beiden Zelltypen konnte eine starke Demethylierung auf Ebene der Histone beobachtet werden (82).

Das durch den Vergleich verschiedener Differenzierungsprotokolle erarbeitete Protokoll ermöglichte die Herstellung potenter Hepatozyten-ähnlicher Zellen mit metabolischen und enzymatischen Aktivitäten vergleichbar mit denen von hHeps.

Diskussion

5.1.2 Einfluss der hepatischen Differenzierung auf die Zellen

Durch die hepatische Differenzierung änderte sich die Morphologie der Ad-MSCs. Unter dem Mikroskop waren die Zellen eher kompakt und hexagonal, was sich von der anfänglichen fibroblasten ähnlichen Form unterschied. Dies beschreiben auch SEO, M.J., ET AL. und TALÉNS-VISCONTI, R., ET AL., die feststellten, dass die Ad-MSCs durch die Differenzierung eine polygonale Form entwickelten (147,163). BANAS, A., ET AL., die ebenfalls Ad-MSCs differenzierten beschreiben die Zellform nach der Differenzierung als kompakt und polyedrisch (9,32).

Die Differenzierung der Zellen führte zu einer signifikanten Steigerung der Glukoseproduktion, was auch CHIVU, M., ET AL. feststellte. Die Zellen die sie mit Hilfe von DEX, HGF und NIC differenzierten zeigten eine signifikante erhöhte Glukoseproduktion (28). Der 10-fache Anstieg der Harnstoffproduktion durch die Differenzierung der Zellen mit dem hier entwickelten Protokoll, der dadurch vergleichbar mit der Produktion von Hepatozyten war, deckt sich mit Ergebnissen der hepatischen Differenzierung von Knochenmarkszellen (7,28). Die Kombination von DEX und HGF in dem entwickelten Differenzierungsprotokoll brachte die höchsten Enzymaktivitäten hervor, was auch von BONORA-CENTELLES, A., ET AL. beschrieben wurde. Deren Zellen die mit HGF und DEX differenziert wurden zeigten eine erhöhte Expression von CYP3A4, Albumin und α-Fetoprotein (16).

Die wichtigsten CYP450 Enzyme, welche 90 % der Oxidation von toxischen Substanzen im Körper übernehmen wie CYP3A4/5, CYP2D6, CYP2B6, CYP1A2 und CYP2E1 waren in den Hepatozyten-ähnlichen Zellen sowohl mit dem Fluoreszenzassay als auch auf das RNA-Ebene erfassbar (188). Die gemessene Expression des Enzyms CYP3A7, welches eine Vorläuferform von CYP3A4 darstellt, legt nahe, dass unsere Hepatozyten-ähnlichen Zellen die Fähigkeit zur Metabolisierung wichtiger Arzneimittel haben. Fehlende Expressionen von CYP3A4 auf Proteinebene unserer Hepatozyten-ähnlichen Zellen verstärken die Hypothese, dass die Biotransformation der Xenobiotika von CYP3A7 und vielleicht auch von CYP3A5 übernommen wird und dass die Differenzierung möglicherweise noch nicht ganz vollständig ist.

Diskussion

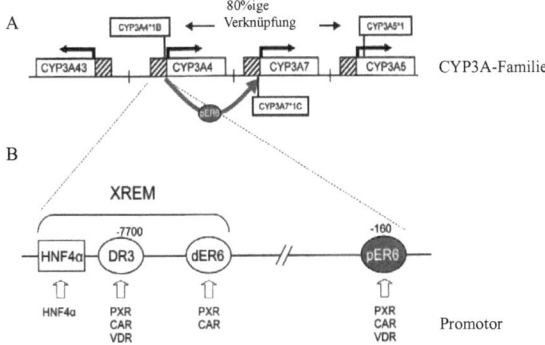

Abbildung 5-1: Organisation der CYP3A - Familie
(A) Genomische Organisation von CYP3A4 und die wichtigsten genetischen Varianten. Die vertikalen Pfeile zeigen die Grenzen der individuellen Genkasetten. Die CYP3A7*1C Variante tritt durch Umwandlung der CYP3A4 Promotersequenz ER6 auf. (B) Funktionelle Elemente in der 5' upstream regulierende Region von CYP3A. Modifiziert von [182].

Der genaue Beitrag der einzelnen CYP3A Mitglieder zum Pool ist immer noch nicht vollständig aufgeklärt (182). Die Aktivitäten der Phase II Enzyme, welche eine wichtige Rolle in der Biotransformation von endogenen Substanzen und Xenobiotics spielen, sind zwar in den hier gewonnenen Hepatozyten-ähnlichen Zellen geringer als in den untersuchten humanen Hepatozyten. Eine Steigerung konnte jedoch durch die Differenzierung in Kombination mit epigenetischen Veränderungen der Zelle erreicht werden.

Weitere Hinweise auf eine erfolgreiche hepatische Differenzierung der Zellen liefern die detektierten Expressionen von Albumin, α-Fetoprotein, CX32 und CK18. CX32, ein wichtiges kanalbildendes Protein von Hepatozyten, welche die intrazelluläre Kommunikation regelt, wurde auch von LIN, N., ET AL. auf mRNA Ebene erfasst. Zudem exprimierten die Hälfte seiner Hepatozyten-ähnlichen Zellen aus BM-MSCs CK18, welches bei Ad-MSCs sowie auch in ausdifferenzierten Zellen nachweisbar war (89). Das Enzym CYP7A1, das eine tragende Rolle bei der Synthese der Gallensäure spielt, war auf RNA-Ebene bei Ad-MSCs schwach und bei Hepatozyten-ähnlichen Zellen stark detektierbar. Dies konnte auch LUE, J., ET AL. zeigen. In ihren Hepatozyten-ähnlichen Zellen war sowohl auf RNA- wie auf Proteinebene CYP7A1 nachweisbar (93).

Diskussion

5.1.3 Einsatz der Zellen als *in vitro* Toxizitätstestsysteme

Da humane Hepatozyten noch immer den „gold standard" bei der Erforschung von metabolischen Umsetzungen von neuen Arzneimitteln oder Chemikalien darstellen, allerdings eine geringe Verfügbarkeit haben, wären die hier generierten Hepatozyten-ähnlichen Zellen eine mögliche Alternative. Das toxikologische Verhalten konnte mittels der Differenzierung stark verbessert werden. Im Vergleich zu hHeps traten nur bei den untersuchten Substanzen $HgCl_2$ und Amiodaron signifikante Unterschiede in den EC_{50} Werten auf. Bei Amiodaron begründet sich das wohl darauf, dass die zur Umsetzung nötigen Enzyme der CYP3A Gruppe in den generierten Zellen eine zu geringe Aktivität aufweisen, was die geringen Expressionen auf RNA-Ebene wie die negativen Ergebnisse auf Proteinlevel untermauern (92). Das $HgCl_2$ wirkte auf die Hepatozyten-ähnlichen Zellen weit toxischer als auf die hHeps. Daraus lässt sich schließen, dass die Hepatozyten-ähnlichen Zellen stärker auf den von $HgCl_2$ initiierten oxidativen Stress und die dadurch resultierende Depolarisation der mitochondrialen Membrane reagieren (115). Neben den Toxizitätstests konnte die Induzierbarkeit der ausdifferenzierten Zellen mit 3-Methylcholantren und Rifampicin auf Fluoreszenzebene gezeigt werden. Das dies auf RNA- oder Proteinebene nicht möglich war, könnte daran liegen, dass die eingesetzten Subtanzen nicht von den vorgesehenen Enzymen CYP1A1/2 und CYP3A4 umgesetzt wurden, sondern andere CYP450 Enzyme dies übernommen haben. Eine Detektion des Testosteronumsatzes war in den untersuchten Ad-MSCs und Hepatozyten-ähnlichen Zellen nicht möglich. Dies liegt wahrscheinlich daran, dass die Enzymaktivitäten von CYP2C9, CYP3A4/5, CYP2C19 und CYP2B6, wichtig für die Testosteronumsetzung in den Zellen, zu gering war (41). Nicht alle von den Zellen gebildeten Metaboliten sind zudem mit der hier angewendeten HPLC-Methode untersucht worden. Für den Einsatz in präklinischen Studien von Arzneimitteln oder toxikologischen Assays müssen weitere Schritte zur optimalen Differenzierung der Zellen unternommen werden und ein umfassenderes Screening von Testsubtanzen erfolgen.

Diskussion

5.1.4 *In vivo* Untersuchungen der Zellen

Bei der Injektion von Ad-MSCs in Wildtyp Mäuse waren um diese Zellen eine starke Ansammlung von mauseigenen Zellen zu sehen. Dies lässt auf eine starke Immunantwort auf die Ad-MSCs schließen. Bei den Hepatozyten-ähnlichen Zellen waren diese Ansammlungen nicht detektierbar. Bei den immundefizienten Mäusen war die Wiederfindungsrate von Hepatozyten-ähnlichen Zellen sehr viel höher als bei den Ad-MSCs. Auch AURICH, H., ET AL. konnten bei ihren Transplantationen feststellen, dass Hepatozyten-ähnliche Zellen besser ins Lebergewebe integrieren als Ad-MSCs. Ihre Leberschnitte wiesen nach Injektion von differenzierten Zellen mehr Albumin und HepPar-positiv Zellen auf als bei injizierten undifferenzierten Zellen (6). Gleiches berichte SGODDA, M., ET AL., die signifikante Klusterbildungen der Hepatozyten-ähnlichen Zellen ähnlich der injizierten Hepatozyten feststellen konnten. Die zum Vergleich von ihm injizierten undifferenzierten Ratten-Ad-MSCs wiesen diese Fähigkeit nicht auf. (150). Die Ergebnisse lassen darauf schließen, dass möglicherweise die ausdifferenzierten Zellen ihre Oberflächenmoleküle verändert haben und somit mehr den in der Leber residierenden Hepatozyten entsprechen. FACS Analysen von CD14, CD45, CD90 und CD105 sind auf der Oberfläche von Ad-MSCs und Hepatozyten-ähnlichen Zellen identisch. Eine weitere Untersuchung von anderen Oberflächenmarkern, wie beispielsweise CD44 wäre lohnenswert, da dieser bei mesoderme Zellen wie Ad-MSCs positiv und bei hHeps negativ ist (32). Die injizierten Zellen waren, wie die Immunfärbung mit DPPIV zeigte, nach 4, 10 oder 21 d noch nicht vollständig ins Leberparenchym integriert (62). Um die Integration der Zellen über die Sinusoide hinaus zu ermöglichen ist eine weitere Verbesserung der hepatischen Differenzierung erforderlich.

5.1.5 Kryokonservierung der Hepatozyten-ähnlichen Zellen

Durch den Einfrierungsprozess der Ad-MSCs und Hepatozyten-ähnlichen Zellen wurden Einbußen hinsichtlich der Zellzahl von 35-55 % erfasst. Vergleichbare Zellverluste konnten auch bei den untersuchten Hepatozyten die für 6 Monate kryokonserviert wurden beobachtet werden. Dies ist auch von CHESNE, C., ET AL. beschreiben worden, der Hepatozyten von verschiedenen Tierarten und vom Menschen

Diskussion

kryokonservierte. Nach dem Auftauen konnte eine 25 % geringere Viabilität der Zellen sowie eine Adhärenz von nur noch 40% festgestellt werden (27). Viele Arbeitsgruppen haben versucht diese großen Verluste der Zellen durch die Entwicklung verschiedener Einfrierlösungen oder mittels komplizierten Einfriermethoden zu kompensieren. Allerdings ist dies nicht gelungen und der durchschnittliche Zellverlust liegt immer noch bei 52-75 % und die Adhärenz bewegt sich zwischen 40-48 % (3,167). Die Glukose- und Harnstoffproduktion war nach der Kryokonservierung der hHeps signifikant schlechter. Ähnliches konnten auch DE LOECKER, P., ET AL. feststellen, deren kryokonservierte Schweinehepatozyten nach 24 h in Kultur eine um 30% und nach 48 h eine um 47% geringere Glykogenproduktion im Vergleich zu frisch isolierten Hepatozyten aufwiesen (34). Die Harnstoffproduktion ist ein sensitiver Marker für die Zellviabilität, da sie der Zelle eine große Menge Energie abverlangt. Die kryokonservierten Hepatozyten zeigten eine um die Hälfte geringere Harnstoffproduktion als die frisch isolierten Hepatozyten. Selbiges zeigten auch Chen, et al, die mit gefrorenen Schweinehepatozyten arbeiteten (25). Im Gegensatz dazu wurde der Harnstoff- und Glukosemetabolismus der Hepatozyten-ähnlichen Zellen durch die Kryokonservierung nicht negativ beeinflusst. Eine Fehlfunktion im Harnstoff-Zyklus führt zu einer massiven Zunahme von giftigen Ammoniumionen im Körper. Wie bereits die Transplantation von Hepatozyten zeigt, könnten die hier hergestellten Hepatozyten-ähnlichen Zellen vielleicht Funktionsstörungen im Harnstoffzyklus von Patienten ausgleichen (104).

Eine Differenzierung der Zellen vor dem Einfrieren ist essentiell, da signifikante Einbußen der metabolischen wie enzymatischen Aktivitäten der eingefrorenen und anschließend differenzierten Ad-MSCs auftraten. Eine Stabilität durch Kryokonservierung konnte auch TOKUMOTO, S., ET AL. aufzeigen. Dessen eingefrorene BM-MSCs waren hinsichtlich Adhäsion, Proliferation und osteogener Differenzierung mit frischen Zellen vergleichbar (172). Eine andere Studie zeigt, dass eingefrorene adipogen-differenzierte Zellen gleiche regenerative Eigenschaften von adipösem Gewebe aufweisen wie frisch differenzierte Zellen (79).

In klinischen Anwendungen in Hinblick auf metabolische Funktionsstörungen der Leber sind die generierten Hepatozyten-ähnlichen Zellen aus adipösem Gewebe eine adäquate

Diskussion

Alternative zu hHeps. Ihre Vorteile liegen in der Erhaltung vieler hepatischer Funktionen nach die Kryokonservierung und ihrer konstanten und sofortigen Verfügbarkeit, was die Möglichkeiten eines autologen Zellansatzes ohne Gabe von Immunsuppressiva eröffnet.

6. Zusammenfassung

Transplantationen von Hepatozyten, als eine Alternative zur orthotopen Lebertransplantation, wurden erfolgreich zur Behandlung von angeborenen metabolischen Fehlfunktionen der Leber sowie bei akutem Leberversagen eingesetzt. Die transplantierten Zellen können dabei zur Überbrückung der Wartezeit auf Spenderorgane, zur Verringerung der Sterblichkeitsrate bei akutem Leberversagen sowie für die Unterstützung der Leber bei metabolischen Erkrankungen eingesetzt werden. Jedoch ist die Verfügbarkeit humaner Hepatozyten stark eingeschränkt. Daher suchen Forscher nach Alternativen basierend auf der Stammzellentechnologie. Ziel dieser Arbeit war es, Hepatozyten-ähnliche Zellen aus mesenchymalen Stammzellen von adipösem Gewebe (Ad-MSCs) für klinische Anwendungen zu generieren und dabei vor allem den Aspekt der stetigen Verfügbarkeit zu berücksichtigen. Die eingesetzten Ad-MSCs wiesen für MSCs spezifische CD-Marker auf und zeigten über die Passagen eine Abnahme der Proliferation und Telomerlänge. Epigenetische Veränderungen in der Zelle wurden vor Beginn der hepatischen Differenzierung mittels 5-Azacytidin induziert. Dies führte in Kombination mit weiteren Medienzusätzen im Vergleich zur Kontrolle zu signifikant besseren metabolischen wie enzymatischen Aktivitäten der Hepatozyten-ähnlichen Zellen. Mit der Verwendung eines 4-stufigen Differenzierungsprotokolls konnten Zellen mit spezifischen hepatischen Eigenschaften generiert werden. Das Protokoll umfasste folgenden Schritte: 5-Azacytidin (Schritt 1), Epidermaler Wachstumsfaktor (Schritt 2), Fibroblasten Wachstumsfaktor 4, Dexamethason, Insulin Transferin Natrium Selenite, Nicotinamid (Schritt 3) und Hepatozyten Wachstumsfaktor, Dexamethason, Insulin Transferin Natrium Selenite, Nicotinamid (Schritt 4). Durch die hepatische Differenzierung kam es zu morphologischen Veränderungen der Zellen, was sich in einer Änderung der Zellform von Fibroblasten-ähnlich nach kompakt hexagonal zeigte. Hepatozyten-ähnliche Zellen zeigten eine höhere enzymatische Aktivität von Phase I Enzymen (CYP1A1/2, CYP2A6, CYP2D6, CYP2B6, CYP3A4) und Phase II Enzymen im Vergleich zu undifferenzierten Zellen. Eine starke Expression von CYP3A7 und eine beginnende Expression von CYP3A4 wie auch die wichtigen hepatischen Marker α-Fetoprotein und Albumin konnten in den ausdifferenzierten Hepatozyten-ähnlichen Zellen auf RNA-

Zusammenfassung

Ebene erfasst werden. Außerdem zeigten die differenzierten Zellen eine vergleichbare Harnstoffproduktion wie frisch isolierte humane Hepatozyten. Dies konnte sowohl auf basalem Level wie bei der Stimulation mit NH_4Cl und NH_4Cl in Kombination mit Ornithin gemessen werden. Zudem wiesen die Hepatozyten-ähnlichen Zellen im Vergleich zu den kryokonservierten hHeps keine Einbußen dieser metabolischen Fähigkeit nach einer 6 monatigen Kryokonservierung auf. Aufgrund dieser Ergebnisse könnten die mit dem in dieser Arbeit entwickelten Differenzierungsprotokoll generierten Hepatozyten-ähnlichen Zellen für klinische Anwendungen im Hinblick auf Funktionsstörungen des Harnstoff Zyklus eingesetzt werden.

7. Ausblick

Diese Arbeit beschreibt die Etablierung eines Protokolls zur Herstellung Hepatozytenähnlicher Zellen aus adipösem Gewebe. Um Einschränkungen der Zellen hinsichtlich der geringeren Phase II Enzymaktivitäten, des nicht vorhandenen Testosteronumsatzes und der negativen PCR-Ergebnisse bei den Markern der HNF-Familie überwinden zu können, sollten Verbesserungen der Differenzierung vorgenommen werden. Diese wären durch weitere epigenetische Veränderungen mit anderen wirksamen Substanzen wie Valproinsäure alleine oder in Kombination mit AZA oder BIX-01294 möglich. Eine andere Option wäre die Transfektion der Zellen mit microRNA oder Proteinen (Abb. 7-1).

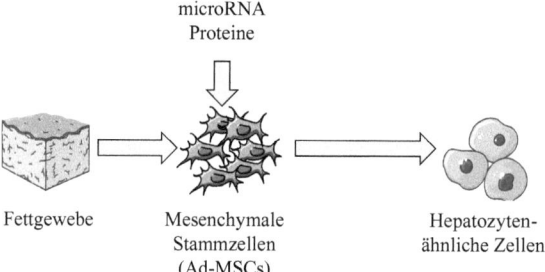

Abbildung 7-1: Transfektionsmodell

Die microRNA-302b beispielsweise trägt durch ihre indirekte Regulation von Oct4 und Cyclin D2 zur Erhaltung der Pluripotenz in ESCs bei (86). Durch die Verwendung dieser microRNA konnte LIN, S. L., ET AL. humane kanzerogene Hautzellen zu ESC-ähnlichen Zellen reprogrammieren. Das Expressionsmuster der gewonnen Zellen war zu 86% mit dem von ESCs identisch (90). Um die Technik der Transfektion für klinische Anwendungen nutzbar zu machen, müssen in weiteren Entwicklungsstufen die Effizienz verbessert und die Zellschädigung minimiert werden.

Eine weitere Möglichkeit den hepatischen Charakter der Ad-MSCs zu verbessern stellt die Kokultivierung dar. Positive Ergebnisse zeigt MARONGIU, F., ET AL., der durch Kokultivierung von humanen Epithelzellen der Plazenta mit murinen Hepatozyten den

Ausblick

Umsatz von Testosteron signifikant erhöhen und höhere Expressionen von Albumin wie CYP3A4 messen konnte (98).

Im Bezug auf die in dieser Arbeit verwendeten Ad-MSCs scheint auch das Alter des Spenders von Bedeutung zu sein. Unsere Arbeitsgruppe konnte in vorläufigen Versuchen Abhängigkeiten des Differenzierungspotentials der Zellen mit dem Alter des Spenders feststellen. Die Zellen isoliert aus jungem Fettgewebe zeigten im Vergleich zu alten beispielweise eine signifikante höhere Expression von Nanog und SOX-2. Dies spricht für eine geringere Pluripotenz der Zellen aus Gewebe von älteren Personen was wahrscheinlich das Differenzierungspotential beeinflusst.

Versuche im Bioreaktor sind von großem Interesse um entsprechende Zellmengen für *in vivo* Anwendungen zu produzieren und das Differenzierungsverhalten der Zellen im Reaktor zu beobachten. Um die Möglichkeit der stetigen Verfügbarkeit der generierten Zellen mittels Kryokonservierung zu optimieren sind Versuche unter Verwendung verschiedener Einfrierlösungen in Betracht zu ziehen. Um bei den *in vivo* Versuchen die injizierten Zellzahlen zu erhöhen, bestünde die Möglichkeit, die Zellen angesiedelt auf einem Trägermaterial in die Leber zu integrieren statt sie direkt zu injizieren. Dies könnte die Wiederfindung an Zellen, die bis heute nur bei 10-20 % liegt vielleicht verbessern (6,150). Durch diese Maßnahme würden mehr Zellen in die geschädigte Leber integrieren um funktionellen Störungen auszugleichen und deren Regenration zu unterstützen. Die Implantation der Hepatozyten-ähnlichen Zellen in Mäuse mit chronischen Leberschäden, wie MDR2$^{-/-}$ Mäuse oder in Mäuse mit monogenetischen Defekten sollte erfolgen, um die Integration der Zellen sowie die klinischen Auswirkungen bei den Tieren zu untersuchen.

8. Literatur

1. Agarwal, S.;K.L. Holton;R. Lanza Efficient differentiation of functional hepatocytes from human embryonic stem cells. Stem Cells. 26(5):1117-1127; 2008.
2. Alberts, B.;A. Johnson;J. Lewis;M. Raff;K. Roberts;P. Walter Molekularbiologie der Zelle, L. Jaenicke. ed. Vol. 4.Auflage. Mannheim: Wiley-VCH Verlag GmbH & Co; 2003:1863.
3. Alexandre, E.;C. Viollon-Abadie;P. David;A. Gandillet;P. Coassolo;B. Heyd;G. Mantion;P. Wolf;P. Bachellier;D. Jaeck;L. Richert Cryopreservation of adult human hepatocytes obtained from resected liver biopsies. Cryobiology. 44(2):103-113; 2002.
4. Ambrosino, G.;S. Varotto;S.C. Strom;G. Guariso;E. Franchin;D. Miotto;L. Caenazzo;S. Basso;P. Carraro;M.L. Valente;D. D'Amico;L. Zancan;L. D'Antiga Isolated hepatocyte transplantation for Crigler-Najjar syndrome type 1. Cell Transplant. 14(2-3):151-157; 2005.
5. Arzneimittelhersteller, V.d.f. Tierversuche in der pharmazeutischen Forschung. 2009: Germany. p. 5.
6. Aurich, H.;M. Sgodda;P. Kaltwasser;M. Vetter;A. Weise;T. Liehr;M. Brulport;J.G. Hengstler;M. Dollinger;W. M.Fleig;B. E.Christ Hepatocyte differentiation of mesenchymal stem cells from human adipose tissue in vitro promotes hepatic integration in vivo. Gut. 58(4):570-581; 2009.
7. Aurich, I.;L.P. Mueller;H. Aurich;J. Luetzkendorf;K. Tisljar;M.M. Dollinger;W. Schormann;J. Walldorf;J.G. Hengstler;W.E. Fleig;B. Christ Functional integration of hepatocytes derived from human mesenchymal stem cells into mouse livers. Gut. 56(3):405-415; 2007.
8. Balana, B.;C. Nicoletti;I. Zahanich;E.M. Graf;T. Christ;S. Boxberger;U. Ravens 5-Azacytidine induces changes in electrophysiological properties of human mesenchymal stem cells. Cell Res. 16(12):949-960; 2006.
9. Banas, A.;T. Teratani;Y. Yamamoto;M. Tokuhara;F. Takeshita;G. Quinn;H. Okochi;T. Ochiya Adipose tissue-derived mesenchymal stem cells as a source of human hepatocytes. Hepatology. 46(1):219-228; 2007.
10. Barry, F.P.;J.M. Murphy Mesenchymal stem cells: clinical applications and biological characterization. Int. J. Biochem. Cell Biol. 36(4):568-584; 2004.

11. Beddington, R.S.;E.J. Robertson An assessment of the developmental potential of embryonic stem cells in the midgestation mouse embryo. Development. 105(4):733-737; 1989.
12. Berger, S.L.;T. Kouzarides;R. Shiekhattar;A. Shilatifard An operational definition of epigenetics. Genes Dev. 23. 23:781-783; 2009.
13. Bianco, P.;P.G. Robey;P.J. Simmons Mesenchymal stem cells: revisiting history, concepts, and assays. Cell Stem Cell. 2(4):313-319; 2008.
14. Bilir, B.M.;D. Guinette;F. Karrer;D.A. Kumpe;J. Krysl;J. Stephens;L. McGavran;A. Ostrowska;J. Durham Hepatocyte transplantation in acute liver failure. Liver Transpl. 6(1):32-40; 2000.
15. Block, G.D.;J. Locker;W.C. Bowen;B.E. Petersen;S. Katyal;S.C. Strom;T. Riley;T.A. Howard;G.K. Michalopoulos Population expansion, clonal growth, and specific differentiation patterns in primary cultures of hepatocytes induced by HGF/SF, EGF and TGF alpha in a chemically defined (HGM) medium. J. Cell Biol. 132(6):1133-1149; 1996.
16. Bonora-Centelles, A.;R. Jover;V. Mirabet;A. Lahoz;F. Carbonell;J.V. Castell;M.J. Gomez-Lechon Sequential hepatogenic transdifferentiation of adipose tissue-derived stem cells: relevance of different extracellular signaling molecules, transcription factors involved, and expression of new key marker genes. Cell Transplant. 18(12):1319-1340; 2009.
17. Boulton, R.;A. Woodman;D. Calnan;C. Selden;F. Tam;H. Hodgson Nonparenchymal cells from regenerating rat liver generate interleukin-1alpha and -1beta: a mechanism of negative regulation of hepatocyte proliferation. Hepatology. 26(1):49-58; 1997.
18. Bowen, R.;L. Austgen;M. Rouge Hypertexts for biomedical science. Histology of the liver [web page] 1997 [cited 1990; Available from: http://www.vivo.colostate.edu/hbooks/pathphys/digestion/liver/index.html.
19. Brandl, A.;P. Angele;C. Roll;L. Prantl;R. Kujat;B. Kinner Influence of the growth factors PDGF-BB, TGF-beta1 and bFGF on the replicative aging of human articular chondrocytes during in vitro expansion. J. Orthop. Res. 28(3):354-360; 2010.
20. Bruix, J.;J.M. Llovet Major achievements in hepatocellular carcinoma. Lancet. 373(9664):614-616; 2009.
21. Brusilow, S.W.;N.E. Maestri Urea cycle disorders: diagnosis, pathophysiology, and therapy. Adv. Pediatr. 43:127-170; 1996.

Literatur

22. Buiakova, O.I.;J. Xu;S. Lutsenko;S. Zeitlin;K. Das;S. Das;B.M. Ross;C. Mekios;I.H. Scheinberg;T.C. Gilliam Null mutation of the murine ATP7B (Wilson disease) gene results in intracellular copper accumulation and late-onset hepatic nodular transformation. Hum. Mol. Genet. 8(9):1665-1671; 1999.
23. Burke, Z.D.;C.N. Shen;K.L. Ralphs;D. Tosh Characterization of liver function in transdifferentiated hepatocytes. J Cell Physiol. 206(1):147-159; 2006.
24. Chen, X.;H. Xu;C. Wan;M. McCaigue;G. Li Bioreactor expansion of human adult bone marrow-derived mesenchymal stem cells. Stem Cells. 24(9):2052-2059; 2006.
25. Chen, Z.;Y. Ding;H. Zhang Cryopreservation of suckling pig hepatocytes. Ann. Clin. Lab. Sci. 31(4):391-398; 2001.
26. Cherkas, L.F.;A. Aviv;A.M. Valdes;J.L. Hunkin;J.P. Gardner;G.L. Surdulescu;M. Kimura;T.D. Spector The effects of social status on biological aging as measured by white-blood-cell telomere length. Aging Cell. 5(5):361-365; 2006.
27. Chesne, C.;C. Guyomard;A. Fautrel;M.G. Poullain;B. Fremond;H. e Jong;A. Guillouzo Viability and function in primary culture of adult hepatocytes from various animal species and human beings after cryopreservation. Hepatology. 18(2):406-414; 1993.
28. Chivu, M.;S.O. Dima;C.I. Stancu;C. Dobrea;V. Uscatescu;L.G. Necula;C. Bleotu;C. Tanase;R. Albulescu;C. Ardeleanu;I. Popescu In vitro hepatic differentiation of human bone marrow mesenchymal stem cells under differential exposure to liver-specific factors. Transl. Res. 154(3):122-132; 2009.
29. Choi, M.H.;P.L. Skipper;J.S. Wishnok;S.R. Tannenbaum Characterization of testosterone 11 beta-hydroxylation catalyzed by human liver microsomal cytochromes P450. Drug Metab. Dispos. 33(6):714-718; 2005.
30. Colter, D.C.;I. Sekiya;D.J. Prockop Identification of a subpopulation of rapidly self-renewing and multipotential adult stem cells in colonies of human marrow stromal cells. Proc. Natl. Acad. Sci. USA. 98(14):7841-7845; 2001.
31. da Silva Meirelles, L.;P.C. Chagastelles;N.B. Nardi Mesenchymal stem cells reside in virtually all post-natal organs and tissues. J. Cell Sci. 119(Pt 11):2204-2213; 2006.
32. De Kock, J.;T. Vanhaecke;J. Biernaskie;V. Rogiers;S. Snykers Characterization and hepatic differentiation of skin-derived precursors from adult foreskin by sequential exposure to hepatogenic

cytokines and growth factors reflecting liver development. Toxicol. In Vitro. 23(8):1522-1527; 2009.
33. de Lange, T. Structure and variability of human-chromosome ends. Mol. Cell.Biol. 10:518–527; 1990.
34. De Loecker, P.;B.J. Fuller;V.A. Koptelov;W. De Loecker Metabolic activity of freshly prepared and cryopreserved hepatocytes in monolayer culture. Cryobiology. 30(1):12-18; 1993.
35. De Vree, J.M.;R. Ottenhoff;P.J. Bosma;A.J. Smith;J. Aten;R.P. Oude Elferink Correction of liver disease by hepatocyte transplantation in a mouse model of progressive familial intrahepatic cholestasis. Gastroenterology. 119(6):1720-1730; 2000.
36. Dominici, M.;K. Le Blanc;I. Mueller;I. Slaper-Cortenbach;F. Marini;D. Krause;R. Deans;A. Keating;D. Prockop;E. Horwitz Minimal criteria for defining multipotent mesenchymal stromal cells. The International Society for Cellular Therapy position statement. Cytotherapy. 8(4):315-317; 2006.
37. Donato, M.T.;N. Jimenez;J.V. Castell;M.J. Gomez-Lechon Fluorescence-based assays for screening nine cytochrome P450 (P450) activities in intact cells expressing individual human P450 enzymes. Drug Metab. Dispos. 32(7):699-706; 2004.
38. Drummond, D.C.;C.O. Noble;D.B. Kirpotin;Z. Guo;G.K. Scott;C.C. Benz Clinical development of histone deacetylase inhibitors as anticancer agents. Annu. Rev. Pharmacol. Toxicol. 45:495-528; 2005.
39. Ehnert, S.;M. Glanemann;A. Schmitt;S. Vogt;N. Shanny;N.C. Nussler;U. Stockle;A. Nussler The possible use of stem cells in regenerative medicine: dream or reality? Langenbecks Arch. Surg. 394(6):985-997; 2009.
40. Ehnert, S.;A.K. Nussler;A. Lehmann;S. Dooley Blood monocyte-derived neohepatocytes as in vitro test system for drug metabolism. Drug Metab. Dispos. 36(9):1922-1929; 2008.
41. Ek, M.;T. Soderdahl;B. Kuppers-Munther;J. Edsbagge;T.B. Andersson;P. Bjorquist;I. Cotgreave;B. Jernstrom;M. Ingelman-Sundberg;I. Johansson Expression of drug metabolizing enzymes in hepatocyte-like cells derived from human embryonic stem cells. Biochem. Pharmacol. 74(3):496-503; 2007.
42. Enns, G.M. Neurologic damage and neurocognitive dysfunction in urea cycle disorders. Semin. Pediatr. Neurol. 15(3):132-139; 2008.
43. Espejel, S.;G.R. Roll;K.J. McLaughlin;A.Y. Lee;J.Y. Zhang;D.J. Laird;K. Okita;S. Yamanaka;H. Willenbring Induced pluripotent stem cell-derived hepatocytes have the functional and proliferative

capabilities needed for liver regeneration in mice. J. Clin. Invest. 120(9):3120-3126; 2010.
44. Fausto, N.;J.S. Campbell;K.J. Riehle Liver regeneration. Hepatology. 43(2 Suppl 1):S45-53; 2006.
45. Feldman, N.;A. Gerson;J. Fang;E. Li;Y. Zhang;Y. Shinkai;H. Cedar;Y. Bergman G9a-mediated irreversible epigenetic inactivation of Oct-3/4 during early embryogenesis. Nat. Cell Biol. 8(2):188-194; 2006.
46. Feng, B.;J.H. Ng;J.C. Heng;H.H. Ng Molecules that promote or enhance reprogramming of somatic cells to induced pluripotent stem cells. Cell Stem Cell. 4(4):301-312; 2009.
47. Ferrari, G.;G. Cusella-De Angelis;M. Coletta;E. Paolucci;A. Stornaiuolo;G. Cossu;F. Mavilio Muscle regeneration by bone marrow-derived myogenic progenitors. Science. 279(5356):1528-1530; 1998.
48. Fickert, P.;A. Fuchsbichler;M. Wagner;G. Zollner;A. Kaser;H. Tilg;R. Krause;F. Lammert;C. Langner;K. Zatloukal;H.U. Marschall;H. Denk;M. Trauner Regurgitation of bile acids from leaky bile ducts causes sclerosing cholangitis in Mdr2 (Abcb4) knockout mice. Gastroenterology. 127(1):261-274; 2004.
49. Gao, J.;X.L. Yan;R. Li;Y. Liu;W. He;S. Sun;Y. Zhang;B. Liu;J. Xiong;N. Mao Characterization of OP9 as authentic mesenchymal stem cell line. J. Genet. Genomics. 37(7):475-482; 2010.
50. Gebhardt, R.;J.G. Hengstler;D. Muller;R. Glockner;P. Buenning;B. Laube;E. Schmelzer;M. Ullrich;D. Utesch;N. Hewitt;M. Ringel;B.R. Hilz;A. Bader;A. Langsch;T. Koose;H.J. Burger;J. Maas;F. Oesch New hepatocyte in vitro systems for drug metabolism: metabolic capacity and recommendations for application in basic research and drug development, standard operation procedures. Drug Metab. Rev. 35(2-3):145-213; 2003.
51. Gerlach, J.C.;K. Zeilinger;I.M. Sauer;T. Mieder;G. Naumann;A. Grunwald;G. Pless;G. Holland;A. Mas;J. Vienken;P. Neuhaus Extracorporeal liver support: porcine or human cell based systems? Int. J. Artif. Organs. 25(10):1013-1018; 2002.
52. Glanemann, M.;G. Gaebelein;N. Nussler;L. Hao;Z. Kronbach;B. Shi;P. Neuhaus;A.K. Nussler Transplantation of monocyte-derived hepatocyte-like cells (NeoHeps) improves survival in a model of acute liver failure. Ann. Surg. 249(1):149-154; 2009.
53. Gordon, G.J.;G.M. Butz;J.W. Grisham;W.B. Coleman Isolation, short-term culture, and transplantation of small hepatocyte-like

progenitor cells from retrorsine-exposed rats. Transplantation. 73(8):1236-1243; 2002.
54. Gupta, S. Hepatocyte transplantation. J. Gastroenterol Hepatol. 17 Suppl 3:S287-293; 2002.
55. Harley, C.B. Telomeres shorten during aging of human fibroblasts. Nature. 345:458–460; 1990.
56. Hehlgans, T.;K. Pfeffer The intriguing biology of the tumour necrosis factor/tumour necrosis factor receptor superfamily: players, rules and the games. Immunology. 115(1):1-20; 2005.
57. Heinrich, P.C.;I. Behrmann;S. Haan;H.M. Hermanns;G. Muller-Newen;F. Schaper Principles of interleukin (IL)-6-type cytokine signalling and its regulation. Biochem. J. 374(Pt 1):1-20; 2003.
58. Hengstler, J.G.;M. Brulport;W. Schormann;A. Bauer;M. Hermes;A.K. Nussler;F. Fandrich;M. Ruhnke;H. Ungefroren;L. Griffin;E. Bockamp;F. Oesch;M.A. von Mach Generation of human hepatocytes by stem cell technology: definition of the hepatocyte. Expert Opin Drug Metab Toxicol. 1(1):61-74; 2005.
59. Herrera, B.;M.M. Murillo;A. Alvarez-Barrientos;J. Beltran;M. Fernandez;I. Fabregat Source of early reactive oxygen species in the apoptosis induced by transforming growth factor-beta in fetal rat hepatocytes. Free Radic. Biol. Med. 36(1):16-26; 2004.
60. Hewitt, N.J.;M.J. Lechon;J.B. Houston;D. Hallifax;H.S. Brown;P. Maurel;J.G. Kenna;L. Gustavsson;C. Lohmann;C. Skonberg;A. Guillouzo;G. Tuschl;A.P. Li;E. LeCluyse;G.M. Groothuis;J.G. Hengstler Primary hepatocytes: current understanding of the regulation of metabolic enzymes and transporter proteins, and pharmaceutical practice for the use of hepatocytes in metabolism, enzyme induction, transporter, clearance, and hepatotoxicity studies. Drug Metab. Rev. 39(1):159-234; 2007.
61. Hochedlinger, K.;W.M. Rideout;M. Kyba;G.Q. Daley;R. Blelloch;R. Jaenisch Nuclear transplantation, embryonic stem cells and the potential for cell therapy. Hematol. J. 5 Suppl 3:S114-117; 2004.
62. Hoehme, S.;M. Brulport;A. Bauer;E. Bedawy;W. Schormann;M. Hermes;V. Puppe;R. Gebhardt;S. Zellmer;M. Schwarz;E. Bockamp;T. Timmel;J.G. Hengstler;D. Drasdo Prediction and validation of cell alignment along microvessels as order principle to restore tissue architecture in liver regeneration. Proc. Natl. Acad. Sci. USA. 107(23):10371-10376; 2010.
63. Horn, D.;W.C. Fitzpatrick;P.T. Gompper;V. Ochs;M. Bolton-Hansen;J. Zarling;N. Malik;G.J. Todaro;P.S. Linsley Regulation of

cell growth by recombinant oncostatin M. Growth Factors. 2(2-3):157-165; 1990.
64. Horslen, S.P.;T.C. McCowan;T.C. Goertzen;P.I. Warkentin;H.B. Cai;S.C. Strom;I.J. Fox Isolated hepatocyte transplantation in an infant with a severe urea cycle disorder. Pediatrics. 111(6 Pt 1):1262-1267; 2003.
65. Hu, Z.;R.P. Evarts;K. Fujio;E.R. Marsden;S.S. Thorgeirsson Expression of hepatocyte growth factor and c-met genes during hepatic differentiation and liver development in the rat. Am. J. Pathol. 142(6):1823-1830; 1993.
66. Huh, C.G.;V.M. Factor;A. Sanchez;K. Uchida;E.A. Conner;S.S. Thorgeirsson Hepatocyte growth factor/c-met signaling pathway is required for efficient liver regeneration and repair. Proc. Natl. Acad. Sci. USA. 101(13):4477-4482; 2004.
67. Inoue, C.;H. Yamamoto;T. Nakamura;A. Ichihara;H. Okamoto Nicotinamide prolongs survival of primary cultured hepatocytes without involving loss of hepatocyte-specific functions. J. Biol. Chem. 264(9):4747-4750; 1989.
68. Iredale, J.P. Models of liver fibrosis: exploring the dynamic nature of inflammation and repair in a solid organ. J. Clin. Invest. 117(3):539-548; 2007.
69. Isenberg, J.S.;Y. Jia;L. Field;L.A. Ridnour;A. Sparatore;P. Del Soldato;A.L. Sowers;G.C. Yeh;T.W. Moody;D.A. Wink;R. Ramchandran;D.D. Roberts Modulation of angiogenesis by dithiolethione-modified NSAIDs and valproic acid. Br. J. Pharmacol. 151(1):63-72; 2007.
70. Ishii, T.;K. Fukumitsu;K. Yasuchika;K. Adachi;E. Kawase;H. Suemori;N. Nakatsuji;I. Ikai;S. Uemoto Effects of extracellular matrixes and growth factors on the hepatic differentiation of human embryonic stem cells. Am J Physiol Gastrointest Liver Physiol. 295(2):G313-321; 2008.
71. Isom, H.C.;M.J. Tevethia;J.W. Kreider Tumorigenicity of simian virus 40-transformed rat hepatocytes. Cancer Res. 41(6):2126-2134; 1981.
72. Jung, D.;H. Biggs;J. Erikson;P.U. Ledyard New Colorimetric reaction for end-point, continuous-flow, and kinetic measurement of urea. Clin. Chem. 21(8):1136-1140; 1975.
73. Kamiya, A.;T. Kinoshita;Y. Ito;T. Matsui;Y. Morikawa;E. Senba;K. Nakashima;T. Taga;K. Yoshida;T. Kishimoto;A. Miyajima Fetal liver development requires a paracrine action of oncostatin M

through the gp130 signal transducer. EMBO J. 18(8):2127-2136; 1999.
74. Karlson, P.;D. D.;J. Koolman Short textbook of the biochemie. ed. Vol. 14. Stuttgart: Thieme; 2005:p. 154-166.
75. Kassem, M.;M. Kristiansen;B.M. Abdallah Mesenchymal stem cells: cell biology and potential use in therapy. Basic Clin. Pharmacol. Toxicol. 95(5):209-214; 2004.
76. Kastenberg, Z.J.;J.S. Odorico Alternative sources of pluripotency: science, ethics, and stem cells. Transplant. Rev. (Orlando). 22(3):215-222; 2008.
77. Kern, S.;H. Eichler;J. Stoeve;H. Kluter;K. Bieback Comparative analysis of mesenchymal stem cells from bone marrow, umbilical cord blood, or adipose tissue. Stem Cells. 24(5):1294-1301; 2006.
78. Khuu, D.N.;I. Scheers;S. Ehnert;N. Jazouli;O. Nyabi;P. Buc-Calderon;A. Meulemans;A. Nussler;E. Sokal;M. Najimi In vitro differentiated adult human liver progenitor cells display mature hepatic metabolic functions: a potential tool for in vitro pharmacotoxicological testing. Cell Transplant. 20(2):287-302; 2011.
79. Kim, M.H.;I. Kim;S.H. Kim;M.K. Jung;S. Han;J.E. Lee;J.S. Nam;S.K. Lee;S.I. Bang Cryopreserved human adipogenic-differentiated pre-adipocytes: a potential new source for adipose tissue regeneration. Cytotherapy. 9(5):468-476; 2007.
80. Klaassen, C.D.;H. Lu Xenobiotic transporters: ascribing function from gene knockout and mutation studies. Toxicol. Sci. 101(2):186-196; 2008.
81. Kountouras, J.;P. Boura;N.J. Lygidakis Liver regeneration after hepatectomy. Hepatogastroenterology. 48(38):556-562; 2001.
82. Kubicek, S.;R.J. O'Sullivan;E.M. August;E.R. Hickey;Q. Zhang;M.L. Teodoro;S. Rea;K. Mechtler;J.A. Kowalski;C.A. Homon;T.A. Kelly;T. Jenuwein Reversal of H3K9me2 by a small-molecule inhibitor for the G9a histone methyltransferase. Mol. Cell. 25(3):473-481; 2007.
83. Kuci, S.;Z. Kuci;H. Latifi-Pupovci;D. Niethammer;R. Handgretinger;M. Schumm;G. Bruchelt;P. Bader;T. Klingebiel Adult stem cells as an alternative source of multipotential (pluripotential) cells in regenerative medicine. Curr. Stem Cell Res. Ther. 4(2):107-117; 2009.
84. Lagasse, E.;H. Connors;M. Al-Dhalimy;M. Reitsma;M. Dohse;L. Osborne;X. Wang;M. Finegold;I.L. Weissman;M. Grompe Purified

hematopoietic stem cells can differentiate into hepatocytes in vivo. Nat. Med. 6(11):1229-1234; 2000.
85. Lazaro, C.A.;E.J. Croager;C. Mitchell;J.S. Campbell;C. Yu;J. Foraker;J.A. Rhim;G.C. Yeoh;N. Fausto Establishment, characterization, and long-term maintenance of cultures of human fetal hepatocytes. Hepatology. 38(5):1095-1106; 2003.
86. Lee, N.S.;J.S. Kim;W.J. Cho;M.R. Lee;R. Steiner;A. Gompers;D. Ling;J. Zhang;P. Strom;M. Behlke;S.H. Moon;P.M. Salvaterra;R. Jove;K.S. Kim miR-302b maintains "stemness" of human embryonal carcinoma cells by post-transcriptional regulation of Cyclin D2 expression. Biochem. Biophys. Res. Commun. 377(2):434-440; 2008.
87. Leonard, J.V.;A.A. Morris Urea cycle disorders. Semin. Neonatol. 7(1):27-35; 2002.
88. Leuschner, U. Nichtalkoholische Fettleberhepatitis. 2008, Dr. FALK PHARMA GmbH.
89. Lin, N.;J. Lin;L. Bo;P. Weidong;S. Chen;R. Xu Differentiation of bone marrow-derived mesenchymal stem cells into hepatocyte-like cells in an alginate scaffold. Cell Prolif. 43(5):427-434; 2010.
90. Lin, S.L.;D.C. Chang;S. Chang-Lin;C.H. Lin;D.T. Wu;D.T. Chen;S.Y. Ying Mir-302 reprograms human skin cancer cells into a pluripotent ES-cell-like state. RNA. 14(10):2115-2124; 2008.
91. Lowry, O.H.;N.J. Rosebrough;A.L. Farr;R.J. Randall Protein measurement with the Folin phenol reagent. J. Biol. Chem. 193(1):265-275; 1951.
92. Lubberstedt, M.;U. Muller-Vieira;M. Mayer;K.M. Biemel;F. Knospel;D. Knobeloch;A.K. Nussler;J.C. Gerlach;K. Zeilinger HepaRG human hepatic cell line utility as a surrogate for primary human hepatocytes in drug metabolism assessment in vitro. J. Pharmacol. Toxicol. Methods. 2010.
93. Lue, J.;G. Lin;H. Ning;A. Xiong;C.S. Lin;J.S. Glenn Transdifferentiation of adipose-derived stem cells into hepatocytes: a new approach. Liver Int. 30(6):913-922; 2010.
94. Lüllmann, H.;K. Mohr;L. Hein Taschenatlas der Pharmakologie, S. Thieme. ed. Vol. 6. Stuttgart 2008:394.
95. Lyakh, L.A.;G.K. Koski;W. Telford;R.E. Gress;P.A. Cohen;N.R. Rice Bacterial lipopolysaccharide, TNF-alpha, and calcium ionophore under serum-free conditions promote rapid dendritic cell-like differentiation in CD14+ monocytes through distinct pathways that activate NK-kappa B. J. Immunol,. 165(7):3647-3655; 2000.

96. Lysy, P.A.;F. Smets;C. Sibille;M. Najimi;E.M. Sokal Human skin fibroblasts: From mesodermal to hepatocyte-like differentiation. Hepatology. 46(5):1574-1585; 2007.
97. Madonna, R.;Y.J. Geng;R. De Caterina Adipose tissue-derived stem cells: characterization and potential for cardiovascular repair. Arterioscler. Thromb. Vasc. Biol. 29(11):1723-1729; 2009.
98. Marongiu, F.;R. Gramignoli;K. Dorko;T. Miki;A.R. Ranade;M. Paola Serra;S. Doratiotto;M. Sini;S. Sharma;K. Mitamura;T.L. Sellaro;V. Tahan;K.J. Skvorak;E.C. Ellis;S.F. Badylak;J.C. Davila;R. Hines;E. Laconi;S.C. Strom Hepatic differentiation of amniotic epithelial cells. Hepatology. 53(5):1719-1729; 2011.
99. Martin, G.R. Isolation of a pluripotent cell line from early mouse embryos cultured in medium conditioned by teratocarcinoma stem cells. Proc. Natl. Acad. Sci. USA. 78(12):7634-7638; 1981.
100. Meyburg, J.;F. Hoerster;J. Weitz;G.F. Hoffmann;J. Schmidt Use of the middle colic vein for liver cell transplantation in infants and small children. Transplant. Proc. 40(4):936-937; 2008.
101. Meyburg, J.;G.F. Hoffmann Liver cell transplantation for the treatment of inborn errors of metabolism. J. Inherit. Metab. Dis.; 2008.
102. Mezey, E.;K.J. Chandross Bone marrow: a possible alternative source of cells in the adult nervous system. Eur. J. Pharmacol. 405(1-3):297-302; 2000.
103. Michalopoulos, G.K.;M.C. DeFrances Liver regeneration. Science. 276(5309):60-66; 1997.
104. Mitry, R.R.;A. Dhawan;R.D. Hughes;S. Bansal;S. Lehec;C. Terry;N.D. Heaton;J.B. Karani;G. Mieli-Vergani;M. Rela One liver, three recipients: segment IV from split-liver procedures as a source of hepatocytes for cell transplantation. Transplantation. 77(10):1614-1616; 2004.
105. Mizuguchi, T.;T. Mitaka;T. Katsuramaki;K. Hirata Hepatocyte transplantation for total liver repopulation. J. Hepatobiliary Pancreat. Surg. 12(5):378-385; 2005.
106. Mizuno, H. Adipose-derived stem cells for tissue repair and regeneration: ten years of research and a literature review. J. Nippon Med. Sch. 76(2):56-66; 2009.
107. Monti, B.;E. Polazzi;A. Contestabile Biochemical, molecular and epigenetic mechanisms of valproic acid neuroprotection. Curr. Mol. Pharmacol. 2(1):95-109; 2009.
108. Mortimer, C.E.;M. U. Thieme Chemie. Das Basiswissen der Chemie, G.T. Verlag. ed. Vol. 9. Stuttgart; 2007.

109. Mukherjee, S.;J.F. Botha;U. Mukherjee Immunosuppression in liver transplantation. Curr. Drug Targets. 10(6):557-574; 2009.
110. Muller-Sieburg, C.E.;R.H. Cho;M. Thoman;B. Adkins;H.B. Sieburg Deterministic regulation of hematopoietic stem cell self-renewal and differentiation. Blood. 100(4):1302-1309; 2002.
111. Najimi, M.;D.N. Khuu;P.A. Lysy;N. Jazouli;J. Abarca;C. Sempoux;E.M. Sokal Adult-derived human liver mesenchymal-like cells as a potential progenitor reservoir of hepatocytes? Cell Transplant. 16(7):717-728; 2007.
112. Nakamura, T. Structure and function of hepatocyte growth factor. Prog. Growth Factor Res. 3(1):67-85; 1991.
113. Nakamura, T.;K. Sakai;K. Matsumoto Hepatocyte growth factor twenty years on: Much more than a growth factor. J. Gastroenterol Hepatol. 26 Suppl 1:188-202; 2011.
114. Nakata, K.;Y. Tanaka;T. Nakano;T. Adachi;H. Tanaka;T. Kaminuma;T. Ishikawa Nuclear receptor-mediated transcriptional regulation in Phase I, II, and III xenobiotic metabolizing systems. Drug Metab. Pharmacokinet. 21(6):437-457; 2006.
115. Nieminen, A.L.;G.J. Gores;T.L. Dawson;B. Herman;J.J. Lemasters Toxic injury from mercuric chloride in rat hepatocytes. J. Biol. Chem. 265(4):2399-2408; 1990.
116. Nieschlag, E.;H.M. Behre;P. Bouchard;J.J. Corrales;T.H. Jones;G.K. Stalla;S.M. Webb;F.C. Wu Testosterone replacement therapy: current trends and future directions. Hum. Reprod. Update. 10(5):409-419; 2004.
117. Nussler, A.K.;S. Konig;M. Ott;E. Sokal;B. Christ;W. Thasler;M. Brulport;G. Gabelein;W. Schormann;M. Schulze;E. Ellis;M. Kraemer;F. Nocken;W. Fleig;M. Manns;S.C. Strom;J.G. Hengstler Present status and perspectives of cell-based therapies for liver diseases. J. Hepatol. 45(1):144-159; 2006.
118. Nussler, A.K.;N.C. Nussler;V. Merk;M. Brulport;W. Schormann;H.J. Yao In: Regenerative Medicine Today: Chapter 9: The Holy grail of hepatocyte culturing and therapeutic use. Ed. M. Santin, University of Brighton. Springer International, Germany, USA pp 283 - 320. Strategies in Regenerative Medicine, M. Santin. ed.; 2009:283-320.
119. Nussler, A.K.;K. Zeilinger;L. Schyschka;S. Ehnert;J.C. Gerlach;X. Yan;S.M. Lee;M. Ilowski;W.E. Thasler;T.S. Weiss Cell therapeutic options in liver diseases: cell types, medical devices and regulatory issues. J. Mater. Sci. Mater. Med.; 2011.

120. Orlic, D.;J. Kajstura;S. Chimenti;I. Jakoniuk;S.M. Anderson;B. Li;J. Pickel;R. McKay;B. Nadal-Ginard;D.M. Bodine;A. Leri;P. Anversa Bone marrow cells regenerate infarcted myocardium. Nature. 410(6829):701-705; 2001.
121. Ornitz, D.M.;N. Itoh Fibroblast growth factors. Genome Biol. 2(3):Reviwes 3005; 2001.
122. Pahlavan, P.S.;R.E. Feldmann;Jr.;C. Zavos;J. Kountouras Prometheus' challenge: molecular, cellular and systemic aspects of liver regeneration. J. Surg. Res. 134(2):238-251; 2006.
123. Pascussi, J.M.;L. Drocourt;S. Gerbal-Chaloin;J.M. Fabre;P. Maurel;M.J. Vilarem Dual effect of dexamethasone on CYP3A4 gene expression in human hepatocytes. Sequential role of glucocorticoid receptor and pregnane X receptor. Eur. J. Biochem. 268(24):6346-6358; 2001.
124. Pera, M.F. Stem cells: The dark side of induced pluripotency. Nature. 471(7336):46-47; 2011.
125. Petersen, B.E.;W.C. Bowen;K.D. Patrene;W.M. Mars;A.K. Sullivan;N. Murase;S.S. Boggs;J.S. Greenberger;J.P. Goff Bone marrow as a potential source of hepatic oval cells. Science. 284(5417):1168-1170; 1999.
126. Petersen, J.;M. Ott;V.W. F. Current status of cell-based therapies in liver disease. Gastroenterology Gastroenterology. 39:975-980; 2001.
127. Pfeiffer, E.;M. Metzler Effect of bisphenol A on drug metabolising enzymes in rat hepatic microsomes and precision-cut rat liver slices. Arch. Toxicol. 78(7):369-377; 2004.
128. Phaneuf, D.;A.D. Moscioni;C. LeClair;S.E. Raper;J.M. Wilson Generation of a mouse expressing a conditional knockout of the hepatocyte growth factor gene: demonstration of impaired liver regeneration. DNA Cell Biol. 23(9):592-603; 2004.
129. Pittenger, M.F.;A.M. Mackay;S.C. Beck;R.K. Jaiswal;R. Douglas;J.D. Mosca;M.A. Moorman;D.W. Simonetti;S. Craig;D.R. Marshak Multilineage potential of adult human mesenchymal stem cells. Science. 284(5411):143-147; 1999.
130. Prindull, G.;B. Prindull;N. Meulen Haematopoietic stem cells (CFUc) in human cord blood. Acta. Paediatr. Scand. 67(4):413-416; 1978.
131. Quiagen EpiTect Bisulfite Handbook. ed.; 2009.
132. Ramirez-Zacarias, J.L.;F. Castro-Munozledo;W. Kuri-Harcuch Quantitation of adipose conversion and triglycerides by staining intracytoplasmic lipids with Oil red O. Histochemistry. 97(6):493-497; 1992.

133. Rasenack, J. Diagnose und Therapie chronischer Leber- und Gallenwegserkrankungen. 2008, Dr. FALK PHARMA GmbH. p. 55.
134. Robinson, B. Transport of phosphoenolpyruvate by the tricarboxylate transporting system in mammalian mitochondria. FEBS Lett. 14(5):309-312; 1971.
135. Rossi, L.;G.A. Challen;O. Sirin;K.K. Lin;M.A. Goodell Hematopoietic Stem Cell Characterization and Isolation. Methods Mol. Biol. 750:47-59; 2011.
136. Rubin, R.;D. Strayer Rubin's Pathology. Developmental and Genetic Diseases ed. Philadelphia; 2008.
137. Ruhnke, M.;A.K. Nussler;H. Ungefroren;J.G. Hengstler;B. Kremer;W. Hoeckh;T. Gottwald;P. Heeckt;F. Fandrich Human monocyte-derived neohepatocytes: a promising alternative to primary human hepatocytes for autologous cell therapy. Transplantation. 79(9):1097-1103; 2005.
138. Ruhnke, M.;H. Ungefroren;A. Nussler;F. Martin;M. Brulport;W. Schormann;J.G. Hengstler;W. Klapper;K. Ulrichs;J.A. Hutchinson;B. Soria;R.M. Parwaresch;P. Heeckt;B. Kremer;F. Fandrich Differentiation of in vitro-modified human peripheral blood monocytes into hepatocyte-like and pancreatic islet-like cells. Gastroenterology. 128(7):1774-1786; 2005.
139. Sakai, Y.;J. Jiang;N. Kojima;T. Kinoshita;A. Miyajima Enhanced in vitro maturation of fetal mouse liver cells with oncostatin M, nicotinamide, and dimethyl sulfoxide. Cell Transplant. 11(5):435-441; 2002.
140. Savickiene, J.;G. Treigyte;K.E. Magnusson;R. Navakauskiene Response of retinoic acid-resistant KG1 cells to combination of retinoic acid with diverse histone deacetylase inhibitors. Ann. NY Acad. Sci. 1171:321-333; 2009.
141. Schanzer, W. Metabolism of anabolic androgenic steroids. Clin. Chem. 42(7):1001-1020; 1996.
142. Schormann, W.;F.J. Hammersen;M. Brulport;M. Hermes;A. Bauer;C. Rudolph;M. Schug;T. Lehmann;A. Nussler;H. Ungefroren;J. Hutchinson;F. Fandrich;J. Petersen;K. Wursthorn;M.R. Burda;O. Brustle;K. Krishnamurthi;M. von Mach;J.G. Hengstler Tracking of human cells in mice. Histochem. Cell Biol. 130(2):329-338; 2008.
143. Schuetz, J.D.;E.G. Schuetz;J.V. Thottassery;P.S. Guzelian;S. Strom;D. Sun Identification of a novel dexamethasone responsive enhancer in the human CYP3A5 gene and its activation in human and rat liver cells. Mol. Pharmacol. 49(1):63-72; 1996.

144. Schuster, D.;C. Laggner;T. Langer Why drugs fail--a study on side effects in new chemical entities. Curr. Pharm. Des. 11(27):3545-3559; 2005.
145. Schwartz, R.E.;M. Reyes;L. Koodie;Y. Jiang;M. Blackstad;T. Lund;T. Lenvik;S. Johnson;W.S. Hu;C.M. Verfaillie Multipotent adult progenitor cells from bone marrow differentiate into functional hepatocyte-like cells. J. Clin. Invest. 109(10):1291-1302; 2002.
146. Selden, C.;H. Hodgson Cellular therapies for liver replacement. Transpl. Immunol. 12(3-4):273-288; 2004.
147. Seo, M.J.;S.Y. Suh;Y.C. Bae;J.S. Jung Differentiation of human adipose stromal cells into hepatic lineage in vitro and in vivo. Biochem. Biophys. Res. Commun. 328(1):258-264; 2005.
148. Serandour, A.L.;P. Loyer;D. Garnier;B. Courselaud;N. Theret;D. Glaise;C. Guguen-Guillouzo;A. Corlu TNFalpha-mediated extracellular matrix remodeling is required for multiple division cycles in rat hepatocytes. Hepatology. 41(3):478-486; 2005.
149. Serandour, A.L., Loyer, P., Garnier, D., Courselaud, B.;N. Theret;D. Glaise;C. Guguen-Guillouzo;A. Corlu TNFalpha-mediated extracellular matrix remodeling is required for multiple division cycles in rat hepatocytes. Hepatology. 41(3):478-486; 2005.
150. Sgodda, M.;H. Aurich;S. Kleist;I. Aurich;S. Konig;M.M. Dollinger;W.E. Fleig;B. Christ Hepatocyte differentiation of mesenchymal stem cells from rat peritoneal adipose tissue in vitro and in vivo. Exp. Cell Res. 313(13):2875-2886; 2007.
151. Singh, S.;N. Dhaliwal;R. Crawford;Y. Xiao Cellular senescence and longevity of osteophyte-derived mesenchymal stem cells compared to patient-matched bone marrow stromal cells. J. Cell Biochem. 108(4):839-850; 2009.
152. Skvorak, K.J.;H.S. Paul;K. Dorko;F. Marongiu;E. Ellis;D. Chace;C. Ferguson;K.M. Gibson;G.E. Homanics;S.C. Strom Hepatocyte transplantation improves phenotype and extends survival in a murine model of intermediate maple syrup urine disease. Mol. Ther. 17(7):1266-1273; 2009.
153. Snykers, S.;T. Henkens;E. De Rop;M. Vinken;J. Fraczek;J. De Kock;E. De Prins;A. Geerts;V. Rogiers;T. Vanhaecke Role of epigenetics in liver-specific gene transcription, hepatocyte differentiation and stem cell reprogrammation. J. Hepatol. 51(1):187-211; 2009.
154. Stadtfeld, M.;K. Brennand;K. Hochedlinger Reprogramming of pancreatic beta cells into induced pluripotent stem cells. Curr. Biol. 18(12):890-894; 2008.

155. Stephenne, X.;M. Najimi;E.M. Sokal Hepatocyte cryopreservation: is it time to change the strategy? World J. Gastroenterol. 16(1):1-14; 2010.
156. Stock, P.;M.S. Staege;L.P. Muller;M. Sgodda;A. Volker;I. Volkmer;J. Lutzkendorf;B. Christ Hepatocytes derived from adult stem cells. Transplant. Proc. 40(2):620-623; 2008.
157. Strom, S., Fisher, R.A., Thompson, M.T., Sanyal, A.J.,et al. Hepatocyte transplantation as a bridge to orthotropic liver transplantation in terminal liver failure. Transplantation. (63):559-569; 1997.
158. Sumitran-Holgersson, S.;G. Nowak;S. Thowfeequ;S. Begum;M. Joshi;M. Jaksch;A. Kjaeldgaard;C. Jorns;B.G. Ericzon;D. Tosh Generation of hepatocyte-like cells from in vitro transdifferentiated human fetal pancreas. Cell Transplant. 18(2):183-193; 2009.
159. Sun, F.;E. Hamagawa;C. Tsutsui;Y. Ono;Y. Ogiri;S. Kojo Evaluation of oxidative stress during apoptosis and necrosis caused by carbon tetrachloride in rat liver. Biochim. Biophys. Acta. 1535(2):186-191; 2001.
160. Tachibana, M.;K. Sugimoto;M. Nozaki;J. Ueda;T. Ohta;M. Ohki;M. Fukuda;N. Takeda;H. Niida;H. Kato;Y. Shinkai G9a histone methyltransferase plays a dominant role in euchromatic histone H3 lysine 9 methylation and is essential for early embryogenesis. Genes Dev. 16(14):1779-1791; 2002.
161. Takahashi, K.;K. Tanabe;M. Ohnuki;M. Narita;T. Ichisaka;K. Tomoda;S. Yamanaka Induction of pluripotent stem cells from adult human fibroblasts by defined factors. Cell. 131(5):861-872; 2007.
162. Takahashi, K.;S. Yamanaka Induction of pluripotent stem cells from mouse embryonic and adult fibroblast cultures by defined factors. Cell. 126(4):663-676; 2006.
163. Talens-Visconti, R.;A. Bonora;R. Jover;V. Mirabet;F. Carbonell;J.V. Castell;M.J. Gomez-Lechon Hepatogenic differentiation of human mesenchymal stem cells from adipose tissue in comparison with bone marrow mesenchymal stem cells. World J. Gastroenterol. 12(36):5834-5845; 2006.
164. Talens-Visconti, R.;A. Bonora;R. Jover;V. Mirabet;F. Carbonell;J.V. Castell;M.J. Gomez-Lechon Human mesenchymal stem cells from adipose tissue: Differentiation into hepatic lineage. Toxicol. In Vitro. 21(2):324-329; 2007.
165. Tanzi, M.C.;S. Fare Adipose tissue engineering: state of the art, recent advances and innovative approaches. Expert Rev. Med. Devices. 6(5):533-551; 2009.

166. Tateno, C.;K. Takai-Kajihara;C. Yamasaki;H. Sato;K. Yoshizato Heterogeneity of growth potential of adult rat hepatocytes in vitro. Hepatology. 31(1):65-74; 2000.
167. Terry, C.;A. Dhawan;R.R. Mitry;S.C. Lehec;R.D. Hughes Optimization of the cryopreservation and thawing protocol for human hepatocytes for use in cell transplantation. Liver Transpl. 16(2):229-237; 2010.
168. Thew, M. Testing times. 2007, European Coalition to End Animal Experiments. p. 3.
169. Thomsen, M.;S. Galvani;C. Canivet;N. Kamar;T. Bohler Reconstitution of immunodeficient SCID/beige mice with human cells: applications in preclinical studies. Toxicology. 246(1):18-23; 2008.
170. Thomson, J.A.;J. Itskovitz-Eldor;S.S. Shapiro;M.A. Waknitz;J.J. Swiergiel;V.S. Marshall;J.M. Jones Embryonic stem cell lines derived from human blastocysts. Science. 282(5391):1145-1147; 1998.
171. Till, J.E.;C.E. Mc Early repair processes in marrow cells irradiated and proliferating in vivo. Radiat. Res. 18:96-105; 1963.
172. Tokumoto, S.;S. Sotome;I. Torigoe;K. Omura;K. Shinomiya Effects of cryopreservation on bone marrow derived mesenchymal cells of a nonhuman primate. J. Med. Dent. Sci. 55(1):137-143; 2008.
173. Tosh, D.;C.N. Shen;J.M. Slack Differentiated properties of hepatocytes induced from pancreatic cells. Hepatology. 36(3):534-543; 2002.
174. Union, E. Registration, Evaluation, Authorization and Restriction of Chemicals. 2006: Brüssel. p. 851.
175. Vogel, W.;F. Grunebach;C.A. Messam;L. Kanz;W. Brugger;H.J. Buhring Heterogeneity among human bone marrow-derived mesenchymal stem cells and neural progenitor cells. Haematologica. 88(2):126-133; 2003.
176. Voigt, W. Sulforhodamine B assay and chemosensitivity. Methods Mol. Med. 110:39-48; 2005.
177. Wagers, A.J.;I.L. Weissman Plasticity of adult stem cells. Cell. 116(5):639-648; 2004.
178. Wang, Y.;O. Robledo;E. Kinzie;F. Blanchard;C. Richards;A. Miyajima;H. Baumann Receptor subunit-specific action of oncostatin M in hepatic cells and its modulation by leukemia inhibitory factor. J Biol Chem. 275(33):25273-25285; 2000.
179. Wang, Z.;H. Kishimoto;P. Bhat-Nakshatri;C. Crean;H. Nakshatri TNFalpha resistance in MCF-7 breast cancer cells is associated with

altered subcellular localization of p21CIP1 and p27KIP1. Cell Death Differ. 12(1):98-100; 2005.
180. Weisenberger, D.J.;M. Campan;T.I. Long;M. Kim;C. Woods;E. Fiala;M. Ehrlich;P.W. Laird Analysis of repetitive element DNA methylation by MethyLight. Nucleic Acids Res. 33(21):6823-6836; 2005.
181. Winkel, M.;E. Dürr;F. Kolligis Innovative Therapien beim Leberzellkarzinom. Im Fokus Onkologie. 12(4):67-72; 2009.
182. Wojnowski, L. Genetics of the variable expression of CYP3A in humans. Ther. Drug Monit. 26(2):192-199; 2004.
183. Xu, C.;C.Y. Li;A.N. Kong Induction of phase I, II and III drug metabolism/transport by xenobiotics. Arch. Pharm. Res. 28(3):249-268; 2005.
184. Yasui, O.;N. Miura;K. Terada;Y. Kawarada;K. Koyama;T. Sugiyama Isolation of oval cells from Long-Evans Cinnamon rats and their transformation into hepatocytes in vivo in the rat liver. Hepatology. 25(2):329-334; 1997.
185. Yoon, B.S.;S.J. Yoo;J.E. Lee;S. You;H.T. Lee;H.S. Yoon Enhanced differentiation of human embryonic stem cells into cardiomyocytes by combining hanging drop culture and 5-azacytidine treatment. Differentiation. 74(4):149-159; 2006.
186. Youdim, K.A.;K.C. Saunders A review of LC-MS techniques and high-throughput approaches used to investigate drug metabolism by cytochrome P450s. J. Chromatogr. B Analyt. Technol. Biomed Life Sci. 878(17-18):1326-1336; 2010.
187. Zhu, Y.;T. Liu;K. Song;X. Fan;X. Ma;Z. Cui Adipose-derived stem cell: a better stem cell than BMSC. Cell Biochem. Funct. 26(6):664-675; 2008.
188. Zuber, R.;E. Anzenbacherova;P. Anzenbacher Cytochromes P450 and experimental models of drug metabolism. J. Cell Mol. Med. 6(2):189-198; 2002.

9. Anhang

9.1 Wissenschaftliche Publikationen

- Koulman, A., **Seeliger, C.**, Edwards, P.J., Fraser, K., Simpson, W., Johnson, L., Cao, M., Rasmussen, S., Lane, G.A.: E/Z-Thesinine-O-40-a-rhamnoside, pyrrolizidine conjugates produced by grasses (Poaceae), Phytochemistry 69 (2008), p. 1927–1932, **IF: 3,1**

- Ehnert, S., **Seeliger, C.**, Vester, H., Schmitt, A, Saidy-Rad, S., Lin, J., Neumaier, M., Gillen, S., Kleeff, J., Friess, H., Burkhart, J., Stöckle, U., Nussler, A.K.: Autologous Serum improves Yield and Metabolic Capacity of Monocyte-derived Hepatocyte-like Cells: Possible Implication for Cell Transplantation, Cell transplantation (2011), **IF: 5,13**

- Glanemann, M., Knobeloch, D., Ehnert, S., Culmes, M., **Seeliger, C.**, Seehofer, D., Nussler, A.K.: Hepatotropic growth factors protect hepatocytes during inflammation by upregulation of antioxidative systems, World J Gastroenterol 17 (2011), p. 2199-2205, **IF: 2,1**

- **Seeliger, C.**, Culmes, M., Ehnert, S., Schyschka, L., Damm, G., Yan, X., Wang, Z., Kleeff J., Thasler W.E., Hengstler, J., Nussler A.K: Human Hepatocyte-like Cells Conserve Ammonium Ion Detoxification after Cryopreservation: Possible Clinical Implication, Journal of Cell Transplantation, submitted, **IF: 6,2**

- Yan, X., **Seeliger, C.**, Schyschka, L., Culmes, M., Wang, Z., Stöckle, U. Ehnert, S., Nüssler, A.K.: Chemical Modification Epigenetically 'Renews' Old Human Adipose derived Mesenchymal Stem Cells and Improves their Differentiation into Hepatocytes and Osteoblasts, in preparation

9.2 Kongressbeiträge (Poster und Vorträge)

2011

Yan X, **Seeliger C**, Schyschka L, Wang Z, Culmes M, Ehnert S, Nüssler AK: Age-Related Differences in Hepatic Differentiation of Adipose-Derived Mesenchymal Stem Cells. Poster, ESNATS Summer school, Thessaloniki, 01.05-05.05.2011

2010

Seeliger C, Culmes M, Schyschka L, Ehnert S, Kleeff J, Stöckle U, Pelisek J, Nussler AK: Epigenetic Changes Improve Differentiation of Adipose-derived Mesenchymal Stem Cells (Ad-MSCs) to Hepatocyte-like Cells: Possible Use as an In Vitro Toxicity Test System. Poster, 16th Congress on Alternatives to Animal Testing, Linz, 02.09-04.09.2010

Ehnert S, Eipel C, Hammad S, **Seeliger C**, Abshagen K, Stöckle U, Vollmar B, Hengstler J, Nussler AK: Hepatic differentiation of adipose-derived mesenchymal stem cells improves their integration into livers of CCl4 treated mice. Vortrag, Chirurgische Forschungstage, Rostock, 23.09-25.09.2010

Schyschka L, **Seeliger C**, Ehnert S, Culmes M, Kleeff J, Stöckle U, Nussler AK.: Epigenetic modification improves hepatic differentiation of human adipose-derived mesenchymal stem cells (Ad-MSCs) for in vitro toxicity. Poster, 16th Congress on Alternatives to Animal Testing, Linz, 02.09-04.09.2010

Nüssler AK, **Seeliger C**, Culmes M, Schyschka L, Stöckle U, Nüssler N, Schoenberg M, Ehnert S: Adipose tissue-derived MSCs are an eligible option to human hepatocytes, Poster, FALK Symposium, Peking, 27.08-28.08.2010

Culmes M, Pelisek J, Schyschka L, Tron A, **Seeliger C**, Napieralski R, Günther M, Wagner M, Kleeff J, Stöckle U, Ehnert S, Nüssler AK: Chemical approach to modify expression of pluripotency genes in adipose- derived mesenchymal stem cells. Poster, Epigenetics and Stem Cells Conference, Kopenhagen, 25.08-27.08.2010

Seeliger C, Römer M, Ehnert S, Gillen S, Friess H, Stöckle U, Nüssler AK: Verbesserte Differenzierung von Hepatozyten-ähnlichen Zellen aus adipösem Gewebe durch epigenetische Veränderungen: möglicher Einsatz für die Zelltransplantation. Vortrag, DGC, Berlin, 20.04–23.04.10

Seeliger C, Römer M, Ehnert S, Culmes M, Kleeff J., Stöckle U, Nüssler AK: Human adipose derived mesenchymal stem cells (Ad-MSCs) differentiated to hepatocyte-like cells: possible use as an *in vitro* toxicity test system. Vortrag, DGPT, Mainz, 25.03.10

Seeliger C, Römer M, Ehnert S, Culmes M, Gillen S, Stöckle U, Nüssler AK: Epigenetic changes improve differentiation of hepatocyte-like cells from adipose tissue:

possible application for cell therapies in surgery. Poster, INTERACT, München, 23.03.10

Seeliger C, Römer M, Ehnert S, Culmes M, Gillen S, Stöckle U, Nüssler AK: Epigenetic changes improve differentiation of hepatocyte-like cells from adipose tissue: possible application for cell therapies in surgery. Poster, GASL, Bonn, 28.01-30.01.10

Seeliger C, Römer M, Ehnert S, Culmes M, Gillen S, Stöckle U, Nüssler AK: Improved differentiation of hepatocyte-like cells from adipose tissue via epigenetic changes: possible application for cell therapies in surgery. Poster, FALK Symposium, Bonn, 28.01.10

2009

Seeliger C, Römer M, Ehnert S, Stöckle U, Nüssler N, Nüssler AK: Adipose tissue-derived MSC's: an eligible option to human hepatocytes. Vortrag, ESNATS Summer school, Zermatt, 22.09-27.09.09

Seeliger C, Römer M, Ehnert S, Gillen S, Friess H, Stöckle U, Nüssler AK: Human fat-derived stem cells: from mesoderm to hepatocyte-like differentiation. Poster, Chirurgische Forschungstage, München, 10.09- 12.09.09

9.3 Danksagung

- Mein Dank gilt sowohl Prof. Dr. Andreas K. Nüssler wie Prof. Dr. Jan G. Hengstler für die Überlassung dieses spannenden Themas, die gute Betreuung während der Durchführung der Arbeit und der konstruktiven Kritik an den Resultaten, Vorträgen und Manuskripten.

- Daneben danke ich Prof. Dr. Andreas K. Nüssler, der es mir ermöglichte, viele der praktischen Arbeiten in seiner Arbeitsgruppe durchzuführen.

- Der ESNATS danke ich für die Ausrichtung der „Sommer School 2009" in Zermatt wo ich viele Kooperationspartner kennen lernen konnte.

- Den beiden Postdocs Frau Dr. Sabrina Ehnert und Frau Dr. Lilianna Schyschka danke ich für ihre Hilfe bei schwierigeren Analysen, Aufarbeitung der Ergebnisse und bei der Verfassung von Vorträgen und Manuskripten.

- Unseren Kooperationspartnern aus Rostock namentlich vor allem Dr. Christian Eipel und Dr. Kerstin Abshagen danke ich sehr für die Injektion der Zellen in die Mäuse und die Resektionen der Lebern.

- Anne Bergner (BASF) möchte ich danken für die Untersuchungen der Proben auf Testosteronumsatz.

- Dank auch an Seddik Hammad und Amnah Othman für die immunochemischen Färbungen der Leberschnitte und die floureszenzmikroskopischen Aufnahmen.

- Meiner Mitstreiterin Mihaela Culmes sei gedankt für Ihre Hilfe bei der Analyse der Telomerlänge, des Methylationsstatuses der Zellen und den Färbungen der Zellen mit Phalloidin und Höchst.

- Dem Rest des Laborteams danke ich für die gute Zusammenarbeit und die angenehme Atmosphäre. Marina Unger danke ich besonders herzlich für ihre Freundschaft über all die Zeit und die nette Unterstützung bei allen labortechnischen Fragen.☺

- Weiter gilt mein Dank Fritz Seidl der meine englischen wie deutschen Manuskripte gegengelesen und korrigiert hat. Weiterhin danke ich Frau Hankinson für ihre überaus nette Unterstützung hinsichtlich aller promotionsbezüglichen Angelegenheiten.

- Danke Lila für die lustigen Hin- und Heimfahrten zur Arbeit. Das war immer sehr schön und unsere kleinen Diners im Zug bleiben mir immer unvergesslich.

- Vielen Dank dir Dr. Martin Ebbecke für die inhaltlichen und dir Maman für die sprachlichen Korrekturen dieser Arbeit. Habe unsere Telefonkonferenzen genossen. ☺

- Am Schluss gilt mein Dank meinem geliebten Freund Markus, der mich immer unterstützt, meine Abwesenheit zwecks Arbeit hingenommen hat und mir in jeder Situation beistand. Vielen Dank mein Lieber ♥.

- Zudem Dank auch an der Rest meiner Familie, die mich immer unterstützt hat sowohl moralisch wie finanziell, und die sich nun endlich freuen darf, dass diese Arbeit erfolgreich abgeschlossen wurde.

i want morebooks!

Buy your books fast and straightforward online - at one of world's fastest growing online book stores! Free-of-charge shipping and environmentally sound due to Print-on-Demand technologies.

Buy your books online at
www.get-morebooks.com

Kaufen Sie Ihre Bücher schnell und unkompliziert online – auf einer der am schnellsten wachsenden Buchhandelsplattformen weltweit! Versandkostenfrei und dank Print-On-Demand umwelt- und ressourcenschonend produziert.

Bücher schneller online kaufen
www.morebooks.de

VDM Verlagsservicegesellschaft mbH
Heinrich-Böcking-Str. 6-8
D - 66121 Saarbrücken

Telefon: +49 681 3720 174
Telefax: +49 681 3720 1749

info@vdm-vsg.de
www.vdm-vsg.de

Printed by Books on Demand GmbH, Norderstedt / Germany